百科通识
文库

49

认识宇宙学

彼得·科尔斯 著

罗阿理 译

外语教学与研究出版社

北京

京权图字：01-2006-6863

图书在版编目（CIP）数据

认识宇宙学／（英）科尔斯（Coles, P.）著；罗阿理译. — 北京：外语教学与研究出版社，2015.8
（百科通识文库）
ISBN 978-7-5135-6516-5

I. ①认… Ⅱ. ①科… ②罗… Ⅲ. ①宇宙学－普及读物 Ⅳ. ①P159-49

中国版本图书馆CIP数据核字(2015)第198789号

出 版 人	蔡剑峰
项目策划	姚 虹
责任编辑	周渝毅
封面设计	泽 丹
版式设计	锋 尚
出版发行	外语教学与研究出版社
社 址	北京市西三环北路19号（100089）
网 址	http://www.fltrp.com
印 刷	中国农业出版社印刷厂
开 本	889×1194 1/32
印 张	5.5
版 次	2015年9月第1版 2015年9月第1次印刷
书 号	ISBN 978-7-5135-6516-5
定 价	20.00元

购书咨询：（010）88819929 电子邮箱：club@fltrp.com
外研书店：http://www.fltrpstore.com
凡印刷、装订质量问题，请联系我社印制部
联系电话：（010）61207896 电子邮箱：zhijian@fltrp.com
凡侵权、盗版书籍线索，请联系我社法律事务部
举报电话：（010）88817519 电子邮箱：banquan@fltrp.com
法律顾问：立方律师事务所 刘旭东律师
中咨律师事务所 殷 斌律师
物料号：265160001

百科通识文库书目

历史系列：

美国简史 　　　　　　　探秘古埃及

古代战争简史 　　　　　罗马帝国简史

揭秘北欧海盗

日不落帝国兴衰史——盎格鲁 - 撒克逊时期

日不落帝国兴衰史——中世纪英国

日不落帝国兴衰史——十八世纪英国

日不落帝国兴衰史——十九世纪英国

日不落帝国兴衰史——二十世纪英国

艺术文化系列：

建筑与文化 　　　　　　走近艺术史

走近当代艺术 　　　　　走近现代艺术

走近世界音乐 　　　　　神话密钥

埃及神话 　　　　　　　文艺复兴简史

文艺复兴时期的艺术 　　解码畅销小说

自然科学与心理学系列：

破解意识之谜　　　　　　认识宇宙学

密码术的奥秘　　　　　　达尔文与进化论

恐龙探秘　　　　　　　　梦的新解

情感密码　　　　　　　　弗洛伊德与精神分析

全球灾变与世界末日　　　时间简史

简析荣格　　　　　　　　浅论精神病学

人类进化简史　　　　　　走出黑暗——人类史前史探秘

政治、哲学与宗教系列：

动物权利　　　　　　　　《圣经》纵览

释迦牟尼：从王子到佛陀　解读欧陆哲学

死海古卷概说　　　　　　欧盟概览

存在主义简论　　　　　　女权主义简史

《旧约》入门　　　　　　《新约》入门

解读柏拉图　　　　　　　解读后现代主义

读懂莎士比亚　　　　　　解读苏格拉底

世界贸易组织概览

目 录

图 目

前言

本书是一本有关科学宇宙学的概念、方法和成果的入门读物。

宇宙学研究的主题是宇宙中存在的万事万物。整个宇宙包含着极其巨大和十分微小的物质，大若体积巨大的恒星与星系，小若基本粒子的微观世界。在这种巨大和渺小之间存在着由力和物质相互作用的复杂的层次结构和模式。在此中间我们能找到我们自身。

宇宙学的目的是将所有已知的物理现象统一到一个单一的、一致的框架下。这是人类的雄心勃勃的目标，但我们的知识还存在着巨大的差距。不过，该学科的迅速发展使得宇宙学家们相信现在是宇宙学的"黄金时代"。作者通过贯穿全书的宇宙学简史来阐释宇宙学是怎样发展的、怎样将不同的思路综合到一起、以及怎样在技术发展的推动下对宇宙展开新的探索。

现在正是写这类书的时候，因为人们对宇宙中物质和能量的形式与分布的一致认识表明对宇宙的完整理解可能即将实现。虽然仍有一些有趣的难题尚未解决，但历史告诉我们，我们可以期待令人惊喜的新发现。

第一章

宇宙学简史

宇宙学是物理科学的一个相对较新的分支。这种提法似是而非，因为在宇宙学探讨的问题中有些是人类在远古时期就提出的。宇宙是无限的吗？它一直就存在吗？如果不是，那它是怎样形成的呢？宇宙会有终结吗？从史前时代，人类就试图构建一些概念框架来回答有关世界以及人与世界的关系的问题。最初的理论或模型在我们今天看起来是幼稚而毫无意义的。但这些早期的思考至少表明我们人类一直执著于对宇宙的思索。尽管当代的宇宙学家使用了完全不同的语言和符号体系，但他们探索宇宙的动机和我们的远古祖先大致相同。本章主要是简单介绍宇宙学这一"主题"的历史发展并阐释一些重要观点是如何形成的。我希望这能成为进入其他各章的出发点，而在以后各章中将详细探讨这些重要思想。

神化中的宇宙

早期宇宙学大多是以某种形式的"拟人论"（赋予非人类的物体以人的特征）为基础的。其中一些观点认为，某些恣意而为的神赋予了物质世界生命，这些超自然力量可以帮助或阻挠人类的活动；另一些观点认为物质世界本身没有生命，但可由一个或一群神来掌控。无论哪种观点，都是用造物神化来解释宇宙的起源，而这些造物主的动机人类可以理解，至少是能部分理解。

世界上的创世神化存在着许多差异，但也有显著的相似之处。有一共同点是其意象往往都融合了顶极工匠的理念。因此自然界之美往往通过某个技艺超群的工匠的作品表现出来，这样的例子在所有的文化中都能找到。另一个经常出现的意象是秩序生于混乱，反映了人类社会组织形式的不断进步。还有一个相似之处是各文化都将宇宙看成一个生物学过程。出现在神化中最显著的例子就是将宇宙描述成形成于一颗蛋或一粒种子。

巴比伦著名的创世史诗《埃努马·埃里什》就包含了这些元素。这个神话的诞生可以上溯到公元前1450年前后，但它可能是以更老的苏美尔人的神话为基础创作的。在其关于创世的描述中，原始的无序状态与海有关。从海中诞生了一系列代表天空、地平线等世界基本属性的神。在马杜克（Marduk）和提亚玛特（Tiamat）两神的战斗中，海神提亚玛特最后战死。马杜克就用提亚玛特的尸体创造了大地。

古代中国神话中也有同样有趣的例子。其中之一是关于巨人盘古。在这个故事中宇宙始于一颗巨大的蛋。巨人在蛋中沉睡数千年，醒来后破壳而出，在这个过程中蛋粉碎了。蛋的一部分（比较轻和比较纯的碎块）上升形成天空，而那些比较重和不那么纯的部分形成大地。盘古双脚站在地上用他的双手擎起天。当天空越升越高，这位巨人也不断长高以维系天地之间的联系。最终盘古死了，而他的身体却为世界作出了贡献。他的左眼变成太阳，右眼变成月亮。他的汗形成了雨，而他的毛发成了地上的植物，他的骨骼变为岩石。

创世传说的多种多样可以媲美世界文化的异彩纷呈，但限于篇幅，我在此不能举更多的例子。然而不管是非洲、亚洲、欧洲或美洲，这些传说中的相似之处相当显著。

图1　古代巴比伦之神马杜克。马杜克被认为在摧毁了提亚玛特后创造了宇
宙的秩序，而提亚玛特是原始混乱的代表，这张图中他被刻画为马杜
克脚下的一只角龙。世界上许多神话都有这种秩序诞生于混乱的思
想，而这种思想继续存在于现代科学宇宙学的某些部分中。

古希腊人

西方科学起源于希腊。古希腊人拥有他们自己的神和神话，其中有许多是从周边的文明中引入的。然而除了这些传统文化元素外，他们开始建立一套理论体系进行科学探索。因果关系的论述今天仍然是科学理论的基本组成部分，而这一点应该归功于古希腊人。他们还认识到，观察到的现象可以用数学或几何学语言，而非拟人化的语言来描述和解释。

宇宙学理论作为可认识的科学规律开始出现于古希腊人构建的逻辑思考框架中，主要体现于泰利斯(Thales，公元前625—前547)和阿那克西曼德（Anaximander，公元前610—前540）的思想体系中。宇宙学这个词本身就来源于希腊语cosmos，意为世界是一个有秩序的系统或整体，既强调秩序性也强调整体性，在希腊语中cosmos的反义词是chaos（混乱）。公元前6世纪的毕达哥拉斯学派认为，自然事物的基础是数字和几何。数学推理的诞生以及物质世界可通过逻辑和推理认识的思想的出现标志着科学时代的开始。柏拉图（Plato，公元前427—前348）完整地解释了宇宙创生的过程，造物主根据"永恒至善"为原型创造了物质世界，但物质世界远非那么完美，因为这种"永恒至善"只存在于思维世界里。物质世界不断变化，但思维世界却永恒不变。

亚里士多德（Aristotle，公元前384—前322），柏拉图的学生，根据这种思想勾勒出一幅世界图景，遥远的恒星和行星都作理想的圆周运动，而圆是"完美的"几何学的表现。亚里士多德的宇宙是以地球为中心的球体。这个球体中从地球到月亮的范围是多变的区域，即柏拉图非完美的现实世界，而在这个范围之外的天体的运行则是理想的圆周运动。这种宇宙观在整个中世纪的西欧占据统治地位。但是希腊人在收集巴比伦人和埃及人的天文数据后发现，完美的圆周运动的观点并不为他们日益增多的天文数据所支持。尽管亚里士多德强调对宇宙的探索可通过思考和观测共同实现，但是直到公元2世纪托勒密（Ptolemy）在其编写的《天文学大成》中才提出了与当时收集的所有数据一致的宇宙的完整数学模型。

文艺复兴

大多数古希腊人获得的知识在黑暗年代基督教文化中逐渐失去，但在伊斯兰世界中却保存了下来。因此，中世纪欧洲关于宇宙的思考十分有限。托马斯·阿奎那（Thomas Aquina，1225—1274)从拉丁译本中继承了亚里士多德的思想，而当时并没有《天文学大成》的译本，他将异教的宇宙学思想融入基督教神学，其统治西方思想直至16、17世纪。

通常认为尼古拉·哥白尼（Nicolaus Copernicus，1473—1543）推翻了亚里士多德的宇宙观。托勒密的《天文学大成》是一套完整的理论，但它对不同行星的运动应用了不同的数学公式，因此不能真正表示一个完整而统一的体系。在某种意义上，它只描述了天体运动的现象而并未提供解释。哥白尼希望导出一个通用的理论，以相同的立足点考虑所有的事物。他只部分地完成了这个工作，但是他的理论成功地将地球从宇宙的中心移开了。最终是约翰内斯·开普勒（Johannes Kepler，1571—1630）彻底推翻了亚里士多德的理论体系。为了解释第谷·布拉赫（Tycho Brahe，1546—1601）对行星运动的高精度观测结果，开普勒用椭圆轨道替换了亚里士多德的完美的圆形轨道。

通向现代宇宙学道路上的下一个重大发展应归功于艾萨克·牛顿（Isaac Newton，1642—1727）。在他的不朽巨著《原理》（1687）一书中，牛顿指出开普勒所描绘的椭圆运动正是万有引力定律的结果。因此，牛顿重新构建了柏拉图式的理想世界，其中万物都遵循同一运动理论。在牛顿的理论中，宇宙如同一架巨大的机器，按照非凡的造物主的意志规则地运动着，时间和空间体现了无所不在的"神"的永恒和无限。

直至20世纪初，牛顿的思想一直主宰着科学界，但是在19世纪，这台所谓的"宇宙机器"出现了瑕疵。机械论世界观伴随着第一次技术浪潮而出现。在随后的工业革命中，科学家们都热衷于引擎和热的理论。热力学定律指出，没有任何一台引擎可以完美地且永不停息地工作下去。在这个时期人们普遍开始相信"宇宙热寂"说，这种学说认为，如同一个弹起的球逐渐耗尽能量后静止一样，整个宇宙运动终将停止。

走向现代宇宙学

奥伯斯（Olbers 1758—1840）使牛顿的"宇宙引擎"再次受到重创。他在1826年提出了一个以他的名字命名的佯谬，尽管在他之前，包括开普勒在内的许多人都讨论过此问题。奥伯斯佯谬是源于对为什么夜空是黑色的思考。在一个稳恒态且无限的宇宙中，观测者的任何视线方向都会遇到一颗星，就像在无边无际的森林中，无论朝哪个方向看都会看到一棵树。于是可以得出结论，整个夜空应该和一颗普通恒星一样亮。观察到的夜晚的黑暗足以证明宇宙不可能既是无限的又是永恒的。

无论宇宙是否无限，可以进行合理解释的部分越来越多。在亚里士多德时代，月球的轨道是基本的界限（距地球400,000公里远），超过这个范围，人类思维就无法企及。到了哥白尼和开普勒时代，可知的领域就扩大到太阳系边缘（数十亿公里远）。而到了十八、十九世纪，银河系被认为就是宇宙，而现在我们知道的宇宙至少比太阳系大10亿倍。这种银河系就是宇宙的观点遭到了某些人的反对，反对者认为，许多弥散在整个天空中的奇怪的漩涡"星云"非常像我们的银河系,却可以在极远的距离看到。这些天体后来被称作星系。两派观点的一场"大论战"在20世纪初爆发了,对此我在第四章将介绍。现在人们终于认识到银河系的确只是数千亿个相似星系中的一个,这很大程度上要归功于埃德温·哈勃(Edwin Hubble,1889—1953)。

20世纪初,随着自然定律被重新改写,宇宙学进入了现代纪元。阿尔伯特·爱因斯坦(Albert Einstein,1879—1955)于1905年提出了相对论,颠覆了牛顿的时空观。不久,他的广义相对论又取代了牛顿的万有引力定律。相对论宇宙学的第一项重大工作是由弗里德曼(Friedmann,1888—1925)、勒梅特(Lemaître,1894—1966)和德西特(de Sitter,1872—1934)共同完成的。他们提出了一套全新的复杂的数学语言来描述宇宙。爱因斯坦的理论为现代宇宙学提供了认识基础,我将在下一章中花更多篇幅来介绍它。

尽管这些认识上的发展铺平了通向现代宇宙学的道路,但迈出最后一步的并不是理论物理学家而是观测天文学家。1929年,埃德温·哈勃发现宇宙包含了许多像银河系一样的星系，并发表了观测结果。这使人们认识到宇宙在不断膨胀。最终在1965年，彭齐斯（Penzias）和威尔逊（Wilson）发现了宇宙微波背景辐射，才证明（或几近证明）我们的宇宙起源于一个原始的火球——大爆炸。

现代宇宙学

爱因斯坦1915年发表的广义相对论标志着现代科学宇宙学的开始。广义相对论使对整个宇宙进行一致的数学表达成为可能。根据爱因斯坦的理论，物质和运动的性质与时空的变形有关。这一点对宇宙学的重要性在于，时间和空间不再被认为是绝对的，独立于物质本体的，而是宇宙演化的参与者。广义相对论促使我们理解的不是宇宙在时间和空间中的起源，而是时间和空间自身的起源。

爱因斯坦的理论是现代大爆炸模型的基础，而大爆炸模型是迄今对宇宙膨胀的最佳描述。按照这个模型，在150亿年以前的极高温度和密度条件下，空间、时间、物质和能量起源于一个原始高能辐射火球。最初的几秒钟之后，温度下降到大约100亿摄氏度，核反应出现了，开始形成构成我们物质世界的原子。过了大约300,000年，温度下降到几千摄氏度，释放出我们现在可以观测到的宇宙微波背景辐射。随着爆炸的扩张，时间和空间也在扩展，宇宙慢慢变冷变稀薄。膨胀的气体云和辐射在收缩过程中形成恒星和星系。我们今天的宇宙包含着大爆炸遗留的烟雾和灰烬。

第五章将更加详细地论述大爆炸理论。就目前来说，大多数宇宙学家承认它是基本正确的。它阐释了大部分我们已知的关于宇宙的整体性质，且能够解释大多数相关的宇宙学观测结果。但是重要的是，我们认识到大爆炸理论并不完整。大量的现代宇宙学研究就是为了填补这个理论的空白而使得整个理论体系更完整，更有信服力。

首先，爱因斯坦的理论本身无法适用于宇宙形成的最初时刻。大爆炸是相对论理论学家称之为奇点的一个例子，奇点处数学计算失效而可测量的量变成了无穷。尽管我们知道宇宙从某个特定阶段开始是怎样演化的，但奇点却使我们无法从第一原理推出宇宙最初的样子。因此我们只好求助于观测而不是单纯的推理来拼凑宇宙的初始状态，这如同考古学家试图从废墟中重建一座城市。所以当代的宇宙学家们正在收集大量的详细数据以便拼合出宇宙形成时的图景。

最近20年里的技术进步大大加速了观测宇宙学的发展，我们当前确实处在宇宙发现的"黄金时代"。观测宇宙学目前已经构建了巨幅的星系空间分布图，显示出那些"细丝"和"薄片"令人瞩目的大尺度结构。而配合这些巡天的是一些深度的观测，例如利用哈勃空间望远镜进行观测。哈勃深场曝光时间足够长，可以观测到非常遥远的星系，而我们接收到的光是这些星系在宇宙早期发出的。利用这样的观测我们可以揭示宇宙历史的演化。例如，微波天文学家现在能够通过观察原始火球产生的宇宙微波背景中的扰动来描绘出早期宇宙的结构。计划中的卫星实验，如MAP[1]计划和普朗克巡天者计划（Planck Surveyor）将在未来几年里探测这些扰动的细节，它们探测的结果应该能够填补我们关于宇宙形成方面的知识空白。

天文观测可以用来测量宇宙的膨胀速率及膨胀是怎样

---

[1] NASA的MAP卫星于2001年6月30日格林尼治标准时间19点46分从卡纳维拉尔角顺利发射——译注，下同

随时间变化的，也可以通过大尺度地运用三角测量理论去探测空间几何。在爱因斯坦的理论中，光线不必按照直线传播，这是由于大质量天体产生的引力会使空间弯曲。在宇宙学距离上，这种效应导致时－空自身封闭（如同球体的表面），引起平行的光路汇聚。它也可产生一个光线分散的"开放"的宇宙。介于两种观点之间的是认为宇宙是平坦空间的"习常"观点，欧几里得几何适用于其中。哪一种观点正确取决于整个宇宙的物质和能量的密度，大爆炸理论本身并不能预言。

大爆炸理论在20世纪80年代经受了一次主要的检验，当时粒子物理学家试图用宇宙学方法来理解极高能量下物质的性质，而这种高能状态是他们的粒子加速器无法达到的。理论家们认识到宇宙早期可能发生了一系列巨变，也就是人们所说的相变，相变过程在瞬间使宇宙迅速膨胀。这样一个阶段的"暴胀"被认为会使空间的弯曲变得平坦，由此引出了宇宙应是平坦的肯定预设。而这种观点与上面提到的宇宙的观测结果似乎是一致的。最近关于宇宙目前仍在加速膨胀的推测，暗示了神秘的暗能量的存在，它可能就是早期暴胀阶段的遗存物。

宇宙学家也已运用现代超级计算机试图理解在宇宙膨胀并冷却的过程中成块的宇宙物质是如何收缩成恒星和星系的。这些计算说明压缩的过程需要大量浓缩的外部物质，其密度大到足以帮助结构增长而不发出星光。这些不可见物被称为"暗物质"。计算机模拟的结构与通过观测得到的巨幅结构图几近一致，这更进一步支持了大爆炸理论。

新理论思想和新近获得的高质量观测数据相辅相成，将宇宙学从纯粹的理论领域带入到缜密的实验科学领域。20世纪初叶，阿尔伯特·爱因斯坦的研究工作标志着这一转变的开始。

第二章

爱因斯坦的理论及其影响

我们都知道万有引力的作用。物体抛出后会落到地面。向山上跑比向山下跑费力。然而对于一个物理学家，万有引力的意义远不只限于其对我们日常生活的影响。我们探讨的物体尺度越大，引力就越重要。万有引力使地球围绕太阳运转，月球围绕地球运转，并导致了潮汐的产生。对于天文学的研究对象，万有引力是主要的推动力。所以如果想要理解整个宇宙，必须要搞清楚万有引力。

万有引力

引力是自然界的一种基本力，物体之间的这种吸引作用普遍存在于宇宙万物之间。事实上自然界共有四种基本力（引力、电磁力以及"强"和"弱"的核力）。万有引力的通适性使其与带电物体间的电磁力等有显著不同。电荷分成两种，正电荷或负电荷，而电荷间的作用力（电磁力）可以是吸引力（不同电荷之间）或者排斥力（相同电荷之间），万有引力则永远是吸引力。这也表明它在宇宙学中为何如此重要。

在许多方面，万有引力是极其微弱的。大多数物质主要靠原子间的电荷吸引力聚合在一起，相比它们之间的万有引力而言，电磁力强了许多数量级。但是尽管万有引力微弱，它在天文中仍是主要的驱动力，因为除了个别例外，大多数天体包含着完全相同的正负电荷因而彼此之间无法产生电磁力。

理论物理早期的伟大成就之一就是艾萨克·牛顿的万有引力定律，它把当时许多看似毫不相关的物理现象统一了起来。牛顿的力学理论可以归纳为3个简单定律：

1. 任何物体在无外力作用的情况下，保持静止状态或做匀速直线运动。

2. 动量的变化率与所施加的力成正比，方向与所施加力的方向一致。

3. 对于每个作用力，总有一个大小相等方向相反的力。

这三个运动定律具有概括性，应用到台球桌上台球的运动和天体的运动上同样精确。牛顿需做的就是对万有引力进行描述。他认为天体的圆周运动，例如月球绕地运动，就是由于指向运动轨迹中心的力的作用（就像某人抓着绳子的一端使绑在绳子另一端的砝码绕着他的头旋转一样）。同样地，引力也会使苹果掉到地上。在这两种情况下，引力都指向地球的中心。牛顿认识到描述运动的数学方程的正确形式应该是一种"反平方"律："任何两个物体间吸引力的大小取决于两个物体质量的乘积和它们之间距离的平方"。

牛顿基于万有引力的反平方定律成功地解释了早在一个多世纪以前约翰内斯·开普勒发现的行星运动规律。此成功是巨大的，使得以牛顿运动定律为基础的宇宙观统治了科学界两个多世纪，直至阿尔伯特·爱因斯坦相对论的提出。

爱因斯坦带来的革命

阿尔伯特·爱因斯坦1879年3月14日出生于德国的乌

尔姆，但随后全家就迁到慕尼黑，他在那里度过了学生时代。爱因斯坦并不是一个特别优秀的学生，1894年当他家搬到意大利后他辍学了。在经历了一次失败的入学考试后，他最终于1896年被位于苏黎世的瑞士工学院录取。尽管他在苏黎世时学习成绩优异，但因为懒惰的名声，他没能在任何一所瑞士大学中谋到职位。1902年他离开学校进入了位于波恩的专利局工作。这份工作薪酬优厚，而且初级专利技术员的任务并不是特别繁重，这使他有充足的空闲时间思考物理问题。

爱因斯坦的狭义相对论发表于1905年。这个理论成为人类思想史上最伟大的学术成就。更加不同凡响的是，该研究是爱因斯坦利用在专利局工作的闲暇，投入了大量的精力完成的。他同年还发表了关于光电效应（促成了量子理论方面的许多发展）和布朗运动现象（由原子碰撞引起的微粒的振动）的开创性的研究成果。狭义相对论远远超越当时他自己的其他工作，以及世界上主流物理学同行的工作，其原因是爱因斯坦完全打破了对任何人和任何事物都相同的、具有绝对属性的时间概念。而绝对的时间概念根植于牛顿的宇宙学思想，大多数人认为是毋庸置疑而无需讨论的。只有天才才能冲破如此巨大的概念上的障碍。

相对性的思想并非源于爱因斯坦。伽利略早于他3个世纪就已经提出过关于相对性的基本理论。伽利略宣称只有相对运动的物体而没有绝对运动的物体。他给出了证明，如果乘船匀速在一个平静的湖面上旅行，那么在封闭的船舱中没有任何实验可以使你感知你在运动中。当然，伽利略时代的物理学知识还有很多空白，因此他所了解的物理实验是相当有限的。

爱因斯坦的相对论简而言之即是，所有自然定律对相对运动的观测者而言都是完全相同的。爱因斯坦特别将这个理论应用到由詹姆斯·克拉克·麦克斯韦（James Clerk Maxwell）创立的电磁场理论中，麦克斯韦的理论主要描述前面已提过的荷电物体间的作用力。麦氏理论的结论之一是（真空中的）光速是一个普适常数（一般用符号c表示）。站在相对论的观点看，所有的观测者无论其自身的运动状态如何不同，都将测量到相同的c值。这个结论看似简单但其影响却是革命性的。

爱因斯坦决定给自己提出一些具体问题：在一些包含信号灯切换的特定实验中将会观测到什么？他做了大量这

类推理实验。例如，想象在运行的列车中央有一盏信号灯。在列车的两端分别各有一个时钟，当信号灯照亮它们时我们可以看到时间。当信号灯发光时，从列车中旅客的角度观察，列车的两端会同时收到光信号。时钟上看到的是相同的时间。

那么立于铁轨旁观察列车的人会看到什么情景呢？闪光灯的光在该参照系的传播速度与在列车乘客参考系下是相同的。但是坐在列车后部的旅客朝向信号灯运动，而坐在列车前部的旅客向远离信号灯的方向运动。铁轨参考系的观察者会看到列车后面的时钟比列车前面的时钟先被照亮。然而，当列车前面的时钟被照亮时，它的读数与后面时钟读数相同！观测者会认为列车上的时钟出了问题。

这个例子证明了"同时"这一概念是相对的。在列车参考系下灯光到达两端是同时的，而在铁轨参考系下是不同的。其他奇怪的相对性现象包括时间膨胀（运动的时钟变慢）和长度压缩（运动的尺子变短）。这些都是在"所有观测者测量的光速是相同的"这一前提下的推论。当然，上面给出的例子有点不现实。为了达到可观测的效果，实验中的速度必需与光速c值有可比性。这样的速度在列车车厢中是难以达到的。不过已有实验证明时间膨胀效应确实存在。放射性粒子高速运动时，其衰变率会大大减慢的原因是它的内部时钟变慢。

狭义相对论也提出了最著名的方程$E=mc^2$，并推广到整个物理学中，表达了物质和能量的当量关系。这个方程也已被大量实验验证，是原子爆炸和化学爆炸等过程所遵循的原理。

尽管狭义相对论的成就无可置疑，但因为只考虑匀速运动而相当不完整。即使是牛顿自然定律的第一部分也是基于速度随时间变化而构建的。牛顿第二定律是关于物体动量变化率的定律，也就是我们通常讲的加速度。狭义相对论严格限制在所谓的惯性运动中，即粒子的运动不受任何外力作用。这意味着狭义相对论不能描述任何类型的加速运动，特别是不能描述引力影响下的运动。

等效原理

爱因斯坦敏锐地洞察到如何将引力纳入狭义相对论。首先来考虑牛顿的引力理论。在牛顿理论中质量为m的粒子受到另一个质量为M的粒子的引力大小取决于两个粒子质量的乘积和粒子间距离的平方。按照牛顿运动定律，第一个粒子受力得到的加速度由F=ma给出。方程中的m称作粒子的惯性质量，它决定了该粒子对加速的阻滞效应。而在引力的反平方律中，质量m的大小决定了一个粒子对另一粒子产生的引力的反作用。因此它被称为被动引力质量。但是牛顿第三运动定律也告诉我们：如果物体A对物体B产生了一个作用力，物体B则对物体A产生一个大小相等方向相反的力。这意味着m也必须是由该粒子产生的主动引力质量（也可称作引力荷）。在牛顿理论中，所有这三种质量——惯性质量、主动和被动引力质量都是等效的。但表面上看，似乎没有任何等效的理由。难道它们之间不会有差异吗？

爱因斯坦认为这种等效性必须基于一个更深入的原理，这个原理称为等效原理。用他自己的语言就是"在所有局域的、自由下落的实验室中所做的物理实验是等效的"。这句话的基本意思是我们可以不把引力当作独立的自然力来考虑，而将其看成在加速参考系中的运动学效应。

我们来看一下这样做的可能性，想象一个装配了物理实验室的升降机。如果升降机停在地面，实验将揭示引力的存在。例如，如果我们在升降机顶部安一个绑着砝码的弹簧，砝码将弹簧向下拉长。接下来，我们使升降机升至大厦顶部并让它自由下落。在自由下落的升降机中察觉不到重力。弹簧不被拉长，砝码以与升降机中其他物体相同的速度下落，即便升降机的速度在变化着。如果我们把升降机实验室移到太空，结果是同样的，因为这时已远离地球的引力场。失重状态与重力导致的自由下落状态非常相似。再进一步，我们可以想象升降机真的在太空中（地球引力场之外），上面安装着火箭。点燃火箭驱动升降机加速。在太空中无所谓上下，我们可以假设升降机加速的方向与曾经的运动方向相反。

弹簧将出现什么情况？答案是砝码沿着与升降机运动相反的方向移动，弹簧向着地板方向被拉长。（这与汽车突然加速时乘客的头向后甩一样）。这类似于一个引力场向下拉弹簧。如果升降机继续加速，弹簧保持拉伸状态，就如同升降机没有加速而被置于一个引力场中。爱因斯坦的观点是，这些情况不仅仅是相似，而是根本无法区分。

在太空中加速的实验室中的任何实验结果与在地面引力场
实验室中的实验结果完全一样。最后，回到我们开始考虑
的升降机在重力场中自由下落。升降机中的一切都失重，

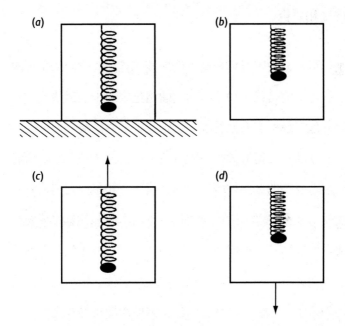

图2　想象实验阐释等效原理。升降机的顶部安装了一根弹簧，弹簧上绑了
　　一个砝码。在图（a）中升降机是静止的，重力是向下的，弹簧被砝码
　　拉长。在图（b）中升降机在遥远的太空，远离引力源且没有做加速
　　运动，弹簧没有被拉长。图（c）中没有引力场，但升降机被火箭带动
　　向上加速，弹簧被拉长了。图（c）中加速产生的效应与图（a）中引
　　力的效果相同。在图（d）中升降机在引力场中自由下落，向下加速
　　所以在内部感觉不到重力。弹簧没有被拉长，因为在这种情况下砝码
　　没有重量，这种情形等效于（b）。

弹簧没有被拉伸。这种情况等效于重力场外升降机内物体的静止情况。自由下落的观测者有理由认为他处于惯性运动状态。

广义相对论

至此，爱因斯坦知道了他应该怎样建立一套广义相对论理论。他又花了10年时间构建出这个理论的最终形式。建立这套理论需要他发现一套定律，能够解决任何形式的加速运动和任何形式的引力效应。为了解决这个问题他必须学习复杂的数学技能，比如张量分析和黎曼几何，并且发明一套能够真正描述所有可能的运动状态的数学表达式。他成功了，但成功来之不易。尽管1905年他发表的几篇经典文章思路非常清晰且数学计算简便，但后面的工作却陷入了技术上的困难。人们认为爱因斯坦是在完成广义相对论的过程中成长为一名真正的科学家的。这个过程对他来说显然十分艰难。

理解广义相对论的细节是一件着实令人畏惧的事。即使在概念的层次，这个理论也非常难掌握。在狭义相对论中时间的相对性在广义相对论中也有论述，但又增加了由引力引起的时间膨胀和长度压缩等效应。问题还不仅限于时间，在狭义理论中至少空间不存在什么麻烦，而在广义理论中空间也出了问题：空间成了弯曲的。

空间的曲率

空间会扭曲的想法非常难以理解，即使物理学家也难于想象出这种情形。我们对自然世界的几何特性的理解基于几代希腊数学家的成就，特别是已确立的欧几里得－毕达哥拉斯理论体系：平行直线永不相交，三角形内角之和等于180度等等。所有这些法则都可以在欧几里得几何定律中找到。但是这些定理和法则不仅仅是抽象的数学。我们从日常的经验中得知，它们能够非常好地描述物理世界的性质。欧几里得定律每天都被建筑师、测量人员、设计师、制图者以及其他任何关心形状属性和物体空间位置的人所使用。几何学是实实在在的。

因此，显而易见的是，我们熟悉的空间属性的适用范围不应仅限于建筑物和我们测量的土地。它们应该可以应用到整个宇宙。欧几里得定律应该是世界结构的组成部分。尽管欧几里得定律数学表达优美，逻辑上具有说服力，但它们不是唯一一套用来构建几何学体系的法则。19世纪的数学家，如高斯（Gauss）和黎曼(Riemann)就已认识到欧氏定律仅代表了在平坦的空间中几何的特殊情况。而在一些不同的体系中，欧氏定律并不适用。

例如，在一张平纸上画一个三角形。欧氏定理适用于此，所以这个三角形的内角和等于180度（等于两个直角的度数）。现在考虑在一个球面上画一个三角形的情况。在一个球面上画一个有三个直角的三角形是完全可能的。比如在"北极"画一个点，在"赤道"上画两个点，距离为四分之一周长。这三个点形成了有三个直角的三角形，违反了欧氏几何定律。

这样的思考对于二维几何是合适的，但我们的宇宙是三维的空间。想象一个三维的曲面更加困难。但是无论在何种情况下对"空间"的思考都有可能犯错误。毕竟我们无法测量空间，而只能用尺子来测量空间中处在不同位置的物体之间的距离，或者在天文中用光线代替尺子来实现测量。将空间想象成一张平坦的或弯曲的纸张使我们能够将其本身视为可知的事物，而不是不可知的实体。爱因斯坦往往试图绕过譬如"空间"等抽象的实体，因为它存在的方式还不清晰。他更愿用推理导出实际观测者在特定实验中可能观测到的结果。

遵循这种思路，我们可能会问，按照广义相对论光线的传播路径是怎样的？在欧氏几何中，光沿着直线传播。光路的直线传播就意味着空间是平坦的。在狭义相对论中，光线也是沿着直线传播的，照此来看空间也是平坦的。但是广义相对论应用在加速运动中或存在引力效应的运动中。这种情况下光会怎样呢？

我们回到前面关于升降机的思考实验。取代安装在顶部的绑着砝码的弹簧，升降机中装备了激光束。激光束从升降机的一侧射到另一侧。升降机在遥远的空间，远离引力源。如果升降机是静止的或者匀速移动，光线可以垂直射到激光设备所对的内壁上。这是狭义相对论的预测。现在我们想象升降机装在一个火箭上，火箭已经点燃并向上加速。升降机外面的观测者看着升降机加速离去，但如果能从外面看到激光束的话，就会发现它仍然是直的。而升降机内的物理学家将看到奇怪的现象。在光从升降机内壁一侧射到另一侧的短暂时间内，升降机的运动状态改变了。升降机加速，当光线照射到对面内壁时，升降机的速度比光线射出的那一瞬更快。这就意味着，激光束射到对面内壁上的点比光线发出点略低。于是内部观测者看到，加速使光线向下"弯曲"。

回忆一下弹簧的情形和等效原理。当没有加速但存在引力场时，效果与加速升降机相似。假设升降机静止于地球表面。观察者看到光线的传播应该与加速升降机里观察到的相似：向下弯曲。我们得出的结论是引力使光线弯曲。然而，当光线不是直的而是弯的，就说明空间不是平坦的而是弯曲的。

空间弯曲难以理解的一个原因是，我们在日常生活中不能观察到这个现象。因为重力在通常环境下是非常微弱的。即使在太阳系中，引力也非常微弱，由引力引起的曲率可以忽略，所以光线仍然接近直线，我们根本无法看出不同。在这类情况下，牛顿运动定律基本适用。但某些情况下我们必须准备面对强引力及其影响。

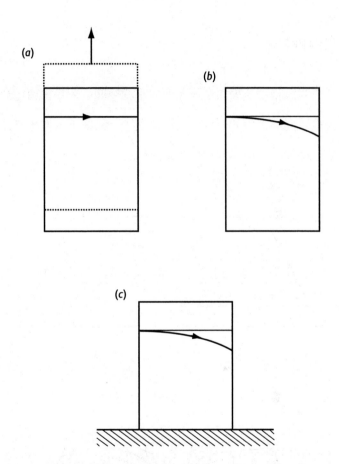

图3　光线的弯曲。(a)中升降机加速上行,如图2(c)一样。从外面看,
　　　激光束沿着直线传播。(b)是在升降机内部看到的现象,光线向下
　　　弯曲。图(c),处在引力场中静止的升降机中观察到与(b)相同的
　　　效果。

黑洞和宇宙

当大量物质聚集在一个非常小的空间中，牛顿理论会失效。此时引力非常强，空间扭曲了，光线不仅发生弯曲而且被捕获。这样的物体就是黑洞。

(a)

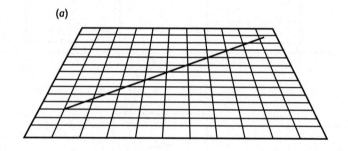

(b)

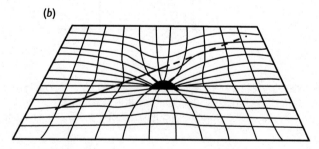

图4 空间的弯曲。没有引力源的时候光线是直的。如果一个质量巨大物体放在光路附近，空间的弯曲导致了光线的弯曲。

自然界存在黑洞的思想要追溯到1783年英国牧师约翰·米歇尔（John Michell），这个思想拉普拉斯（Laplace）也曾探讨过。不过，这样的物体通常都与爱因斯坦的广义相对论联系在一起。实际上，爱因斯坦方程得到的第一个数学解就描述了这样一个物体。卡尔·史瓦西（Karl Schwarzschild）于1916年，即爱因斯坦的理论发表仅一年后，就得出了著名的"史瓦西"解。不久他在第一次世界大战的东部战线阵亡。这个解对应着物质的球对称分布，他最初的目标是试图建立恒星的数学模型的基础。然而不久人们就认识到史瓦西解意味着任意质量的物体都有一个临界半径（现在称之为史瓦西半径）。如果一个大质量物体的质量全部集中在史瓦西半径内，没有光可以从该物体表面逸出。地球质量的临界半径仅有1厘米，而太阳的史瓦西半径是3公里。制造黑洞需要将物质压缩到极高的密度。

史瓦西开创性的工作引发了黑洞研究的热潮。尽管迄今为止，还没有真正严密的直接证据证明黑洞的存在，但是大量的证据表明存在许多隐形的天体。质量约为太阳1亿倍的黑洞周围的引力场，被认为吸走了某些类星系发出的强光。最近对距星系中心不远处恒星的动力学观测研究显示，存在极高质量物质的聚集，并且这些质量的大小与一般用来证实黑洞存在的质量相似。几乎所有星系在其核心都存在一个黑洞变得极有可能。质量相对非常小的黑洞则可能形成于恒星生命的终点，是能源耗尽、自身塌缩的结果。

当今人们对黑洞产生了浓厚的兴趣，但黑洞并不是宇宙学发展的中心，所以在本书中不再进一步讨论。下一章将介绍爱因斯坦的理论在探索整个宇宙演变中扮演的角色。

第三章

第一原理

爱因斯坦于1915年发表了他的广义相对论。几乎同时，他开始应用这套理论解释大规模的宇宙运动。但在追求这个目标的过程中，爱因斯坦由于缺乏试图解释的事物的信息而碰到了困难。宇宙究竟是什么样的？爱因斯坦缺乏天文知识，在他继续推进研究之前，他需要知道一些基本问题的答案。他知道单纯通过思考是无法获知宇宙的概貌和运行方式。他需要观测结果和猜想的指引。

简单和对称

当作者试图用推理实验和图片来进行解释时，毫无疑问广义相对论提供了一套优美的概念框架，但事实是这样做需要使用最难的数学来描述宇宙。其复杂性，通过对比爱因斯坦的理论和牛顿的理论即可见一斑。

在牛顿的运动学理论中只需要解一个基本的数学方程。这就是F=ma，它将物体受到的力F与该物体的加速度a联系在一起。这似乎十分简单，但在实际中用这种方法来描述引力就可能会非常复杂。原因是宇宙中的所有物质之间都存在引力。将这个思想应用到两个相互作用的物体的运动上是相对简单的，例如太阳和地球，但当增加物体时，情况就变得非常棘手。的确，尽管牛顿理论对两个在轨道上运行的物体有严格的数学解，但是针对这种复杂情况还没有一般解，即使仅是三个物体之间也没有。将牛顿的理论运用到众多引力物体组成的系统是比较困难的，并且一般需要超级计算机来进行描述。只有当系统具有某种简化对称性，如球体的对称性，或者系统的所有组成部分均匀分布时才有例外。

现实情况下，运用牛顿理论已是相当困难，相比之下爱因斯坦理论的运用则棘手至极。首先，牛顿只使用一个方程，而爱因斯坦的方程超过10个，且必须同时得到解。而每一个单独的方程也比牛顿的简单的反平方律方程复杂得多。由于方程$E=mc^2$给出质量和能量的等价性，所有能量形式都受引力作用。一个物体产生的引力场本身就是一种能量形式，它也受到引力作用。这种鸡生蛋问题被物理学家称为"非线性"，在解这些方程时会出现难以解决的数学复杂性。这是广义相对论的情况。爱因斯坦方程的准确数学解是非常稀少的。即使是特殊的对称性，该理论对数学家和计算机的计算能力等也是巨大的挑战。

爱因斯坦知道他的方程是难解的，除非他假设宇宙具有某种简化对称性或均匀性，研究才能取得更大的进展。在1915年人类对于宇宙物质分布还知之甚少。许多天文学家觉得银河是一个"宇宙岛"；另一些人相信银河是众多基本均匀分布于整个空间的天体之一。后面一种可能性更加吸引爱因斯坦。银河是一个由气体、尘埃和恒星组成的丑陋的混合体，如果它是整个宇宙，描述它将非常困难。第二种观点相对好一些，因为它可粗略地对银河系进行这样的描述：银河与其他系属于均匀分布的物质中的细微部分。爱因斯坦选择大尺度均匀性还有哲学原因，来自被称为马赫原理的思想。如果宇宙各处相同，他就可以把他的宇宙学理论建立在一个坚实的基础上，也就是利用物质分布定义一个特殊参考系来帮助他处理引力效应。

在继续研究缺乏观测证据的情况下，爱因斯坦决定他必须通过均匀化（各个地方都相同）来简化他所描述的宇宙，至少在比观测到的团块天体（星系）大得多的尺度上需要这样做。他也假设宇宙是各向同性的（各个方向样子相同）。这两个假设在一起构成了宇宙学原理。

宇宙学原理

这两个关于均匀性和各向同性的假设相关但不等价。在不另外假设观测者不处于特殊位置的前提下，各向同性并不必然暗示均匀性。在任何物质的球对称分布中都可以观测到各向同性，但前提是必须在其内部观测。一块圆形地毯的图案由一组同心环组成，只有站在图案中心的观测者可以看到各向同性。人类并不是生活在宇宙中的特殊位置，这就是所谓的哥白尼原理，它揭示了现代宇宙学的历史渊源。观测到的各向同性与哥白尼原理共同构成宇宙学原理。任何一个看过夜空的人都清楚地知道银河系不是各向同性的。它的位置占据了天空的一条独特的带状区域。一个只有银河构成的宇宙与宇宙学原理相悖。

尽管"宇宙学原理"这个名称听上去很宏大，人们不应对其起源抱有错误的观点。更多时候，引入原理是为了在没有数据时使研究能够继续进展下去。宇宙学毫无例外地遵循着该规则。目前已知道这个原理所包含的猜想是基本正确的。20世纪20年代已确定星云确实位于银河之外，而后，对星系大尺度分布以及宇宙微波背景的观测研究（将在第七章中讨论）似乎表明宇宙在大尺度上是均匀的，如同宇宙学原理假设的一样。直到最近，天体物理学家才合理地、令人信服地论证宇宙具有这种特殊的对称性。大尺度均匀性的神秘起源曾被称作视野问题，也是第8章宇宙暴胀思想要涉及的问题之一。

爱因斯坦的最大失误

借助宇宙学原理，爱因斯坦建立了自恰的宇宙数学模型。然而几乎同时他陷入困境，这是他的理论无法避免的结果。因为他的理论认为，在任何一个应用宇宙学原理的方程解中，时间－空间必须是动态的。也就是说他不可能建立一个静态的、不随时间变化的宇宙学模型。他的理论要求宇宙或者扩张、或者收缩，尽管没有表述这两种可能性中究竟是哪一种。爱因斯坦没有丰富的天文学知识，但关于遥远恒星运动的问题，他请教了专家。可能是因为他提的问题有错，他得到的答案是，平均来看恒星既不是在接近也不是在远离太阳。这在我们的银河系内部的确是正确的，但是其他星系并不是这种情况。

　　爱因斯坦因此非常自信地认为宇宙应该是静态的，从而回到他最初的那些方程。他认识到他能保留方程基本性质而只做一个小小的修正，以抵消他的宇宙学模型随时间膨胀和收缩的趋势。他引入的修正被称为"宇宙学常数"。这个新的理论术语表示了在极大尺度上引力作用的改变。宇宙学常数使空间自身有膨胀或收缩的趋势，在理论中它可以进行调整，来精确地平衡宇宙否则必须进行的膨胀或收缩。

　　有了这个暂时的解决方案，爱因斯坦继而建立了静态宇宙学模型，该成果发表于1917年。过了一些年，哈勃于1929年发表的研究结果使人们接受了宇宙其实不是静止的而是膨胀的这一思想。人们对爱因斯坦的最初模型失去了兴趣。既然无需阻止整体膨胀，他也就无需再用宇宙学常数。在随后的几年，他指出引入宇宙学常数这件事是他在科学上的最大失误。但是他真正的失误是没有预测到宇宙的膨胀而非引入宇宙常数本身。

尽管直到最近，大多数宇宙学家都不在他们的模型中引用宇宙学常数，但是它从未真正离开。如同生活在阁楼上的疯亲戚，这个常数还一直潜在于某些宇宙学研究的理论中。我们将在后面的章节中看到，宇宙学常数今天已经从隐匿中重获自由并再次扮演了主角，但在本章接下来的论述中先将它放到一边。

弗里德曼模型

在广义相对论于1915年发表以后，爱因斯坦并不是随后立即转向宇宙学的唯一一位科学家。俄国物理学家亚历山大·弗里德曼（Alexander Friedmann）也是其中一人。正是弗里德曼而非爱因斯坦发展了膨胀宇宙的数学模型，这构成了现代大爆炸宇宙学的基础。他的计算是在彼得格勒被包围的极端困难的条件下完成的，因此他在这方面的成就更加令人瞩目。弗里德曼于1925年，在他的研究成果（发表于1922年）得到国际承认之前离世。斯大林后来解散了他曾工作过的研究所。再后来一位比利时牧师，乔治·勒梅特独立得到了相同的结果，正是勒梅特使这些思想在西欧得到广泛探讨和传播。

弗里德曼最简单的模型是爱因斯坦方程的一组特殊解，这组解是在宇宙学原理成立，并假设没有宇宙学常数的前提下得出的。宇宙学原理在这个模型中发挥了重要作用。在相对论中时间和空间不是绝对的。事件的这两个方面（"何时"、"何地"）的数学描述构成一个复杂的四维"时－空"，这是难以用概念定义的。总的来讲，爱因斯坦理论不能给出明确的区分空间和时间的方法。不同的观测者对于事件之间经历的时间可能有分歧，这与其运动状态和所经历的引力场有关。如果宇宙学原理成立就可以有特殊的方法来分析时间，使得问题简化。如果宇宙密度处处相同（假设宇宙是均匀的），那么物质密度本身就代表了一种时钟。如果宇宙膨胀，粒子间的空间增大，物质密度相应降低。时间越长，物质密度越低。同样，较高的密度代表较早的时间。处于宇宙中任何位置的观测者都可以根据本地的物质密度来设定时钟，而所有时钟都会完全同步。测量时间的结果一般称作"宇宙学固有时"。

因为各处的密度相同，而且物质和/或能量的密度通过爱因斯坦场方程确定空间曲率，宇宙学原理也简化了因引力造成的空间弯曲。空间可以扭曲，但是空间中的每个点都应该以同样的方式扭曲。事实上只能有三种情况发生。

各点都具有相同曲率的最直接的情况是，空间各点都没有弯曲。一般称为平坦宇宙。在平坦宇宙中光是直线传播的，欧氏几何的所有定律都像在"习常"世界中一样适用。但是如果空间不弯曲，引力哪里去了？平坦宇宙中的物质为何不使空间弯曲？答案是宇宙的质量确实造成了空间扭曲，而这被宇宙膨胀中的能量精确地平衡了；物质和能量相互抵消引力效应。在任何情况下，即使空间是平坦的，时－空仍然是弯曲的。

平坦宇宙显然是特殊的，因为它需要精确地平衡膨胀和物质的引力拖拽。当它们不平衡时，会出现两种情况。当宇宙具有较高的物质密度，其中的质量引起的引力效应将获胜并把空间拉回类似于三维的球体表面。数学上，这种情况下的空间曲率是正值。光线在这种封闭的宇宙中会汇聚。尽管平坦宇宙可以在各个方向无限扩张，而封闭的宇宙却是有限的。向某个方向出发后又会回到原点。另一种情况是开放的宇宙，但是比封闭的宇宙更难于想象，因为空间的曲率是负的。在这个例子中光线散开，如图5所示的二维例子。

这些模型都反映了空间随时间的演化。一个封闭的宇宙是有限的空间，其存在的时间也是有限的。如果宇宙是封闭的，并在任意时刻开始膨胀，则未来膨胀将会变慢。最终宇宙将会停止膨胀并重新塌缩。开放和平坦的宇宙会永远膨胀。弗里德曼模型中，引力始终抗拒着膨胀，但只有在封闭模型中引力才能获胜。

弗里德曼模型有力地支持了现代大爆炸理论，但这些模型也引向大爆炸理论的最大弱点。如果采用这些运算来回推宇宙膨胀，从宇宙当前的状态向前追溯，我们会发现时间越早宇宙密度越大。如果继续往前推，这些计算将在一个奇异点处失效。

引力的奇异性质

在数学上，奇异性是一种病态性质，计算过程中某个特定量的数值在该处成为无穷。我们看下面的简单例子，假设来计算一个大质量的物体对一个微粒作用的牛顿引力。这个力与两个物体之间距离的平方成反比，如果想要计算当两个物体距离为零时该引力的大小，结果就是无穷大。奇异性并不总代表严重的数学问题。有时仅仅是因为没有正确选择坐标。例如在地图集中的某张标准地图上就可以发现一些奇怪的类似奇异点的情形。在看极点附近之前，整幅地图看上去合情合理。在标准的赤道投影中，北极并不像它本来的样子是一个点，而是从一个点延伸出的沿着地图顶部的一条直线。但如果你去北极旅行，那里并未出现任何灾难性变化。引起这个点出现的奇异性是属于坐标奇异性的一种情况。事实上采用不同的投影方式，这个点就会消失。如果试图穿越这种奇异点，也不会有任何异常出现。

在广义相对论的解中出现奇异点的频率相当高。有些是我们上面讨论过的坐标奇异点，这些并不是特别严重。

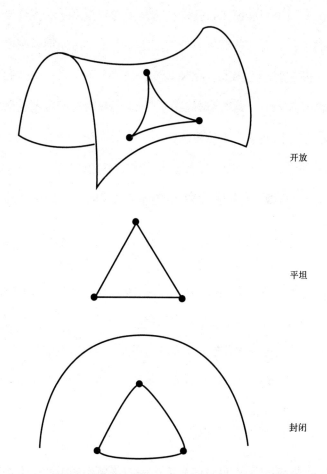

开放

平坦

封闭

图5　开放、平坦和封闭的二维空间（中图）欧氏几何
　　定律是正确的。这种情况下三角形内角之和等于180度。在一个封闭
　　的空间譬如球体（下图），三角形内角之和大于180度。而对于一个
　　开放空间（如图中显示的马鞍形），三角形内角之和小于180度。

但爱因斯坦理论比较特殊，这是因为它预测了现实奇异点的存在，而这些奇异点处的真实物理量，诸如物质密度或温度等变得无穷大。在某些特定的情况下，时－空的曲率也成为无穷。这些奇异点的存在表明在极高密度下基础物理学对物质的引力效应的描述是我们无法接受的。量子引力理论有可能使物理学家估算出黑洞内部的性质而无需把所有物理量变成无穷。的确，爱因斯坦在1950年这样写道：

> 这个理论是建立在区分引力场和物质的概念的基础上的。尽管对微弱场是有效的近似，但从推测看，对于物质的极高密度的物质是十分不足的。因此对极高密度我们不应该认为方程是有效的，而且在一个统一的理论中是有可能不出现这样的奇异点。

最著名的奇异点的例子可能位于黑洞的中心。这个现象出现于一个标准球对称黑洞的史瓦西解中。在很多年中，物理学家们认为这类奇异点的存在仅仅是因为这种球形解的人为特殊性质造成的。然而经过一系列数学研究，罗杰·彭罗斯（Roger Penrose）和其他人证明，无须特殊对称性，任何物体在受自身重力塌缩时奇异点都会出现。

好像是对预测到这些奇异点怀有歉意，爱因斯坦在广义相对论中尽力将它们隐藏起来。史瓦西黑洞被视界包围着，有效地保护着奇异点之外的观测者。似乎广义相对论中所有的奇异点都以这种方式被保护着，而所谓的裸性奇异点在物理学上并不认为是真实存在的。

然而在20世纪60年代，罗杰·彭罗斯的关于黑洞奇异点的数学性质的工作引起了史蒂芬·霍金（Stephen Hawking）的注意，他试图将彭罗斯的想法应用到其他地方。彭罗斯曾经考虑过当物体受自身引力塌缩后将会发生什么。霍金感兴趣的是这些想法是否能够应用到目前已知的膨胀的系统，比如我们的宇宙，去了解其过去发生了什么。霍金就此与彭罗斯进行了交流，他们共同来解决今天已广为人知的宇宙学奇异点问题。他们一同证明了膨胀宇宙模型预测到宇宙最初奇异点的存在，那里的温度和密度都是无穷大。无论宇宙是开放、封闭或是平坦的，我们在理解上都存在着基本障碍：首先来自它的无穷性。

大多数宇宙学家都用与前面讨论黑洞奇异点相似的方

法来解释大爆炸奇异点，也就是说在早期宇宙的极端物理条件下爱因斯坦的方程在某一点上失效。如果情况如此，理解宇宙膨胀的早期情况的唯一希望就是有一个更好的理论。由于我们没有这样一个理论，所以大爆炸模型并不完整。特别是，我们需要知道宇宙的总能量来判断宇宙是开放还是封闭的，而光靠理论是无法得知哪种对宇宙的描述是"正确的"。这个缺憾可以解释在描述大爆炸时，为什么使用"模型"比使用"理论"更贴切。对宇宙初始状况的无知，也正是宇宙学家们仍然不能回答例如宇宙是否永远膨胀下去等一些基本问题的原因。

第四章

膨胀的宇宙

至此，我们已经集中讨论了理论物理学的进展，特别是广义相对论的提出，在20世纪20年代如何促进了宇宙学理论的重要发展。但在天文学家们用改进了的观测设备可靠地估算出了距星系的距离和星系的运动之后，这些新思想才被接受。本章将讨论这些观测结果以及它们是怎样与理论框架相吻合的。

哈勃定律

宇宙膨胀的性质可以概括为一个简单的公式，就是著名的哈勃定律。这个定律指出，星系远离观测者的视向速度v正比于星系和观察者的距离d。我们现在知道这个比例系数就是哈勃常数，用符号H或H_0表示。哈勃定律就写成

$v=H_0d$。v和d之间是线性关系，因为如果绘出一组星系样本所测得的速度和距离图（像哈勃所做的一样），你会发现它们在一条直线上。这条直线的斜率是H_0。哈勃定律的基本含义是，距离观测者两倍远的星系，其远离观测者的速度也是两倍，那些3倍远的星系的远离速度为3倍，以此类推。

　　哈勃于1929年发表了他的著名定律，他在研究一组星系样本光谱时发现了该定律。美国天文学家维斯托·斯里弗（Vesto Slipher）对这个发现也有很大贡献。早在1914

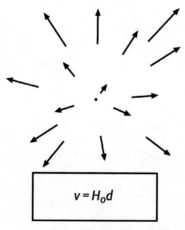

图6　哈勃定律。若从中心点进行观测，哈勃定律表明遥远星系的视向退行速度正比于它们的距离，所以越远的星系退行速度越快。而扩张并没有一个中心：任何点都可以看成是起点。

年斯里弗就得到了一组星云（对星系当时的称谓）的光谱，也给出了这个关系，尽管他的距离估计非常粗略。斯里弗在1914年的美国天文学联合会第17次会议上提交了该结果，但不幸的是，此结果一直未发表。历史一直未对斯里弗作出的贡献给予应有的承认。

哈勃是怎样发现这个定律的呢？他使用的技术称作光谱学。来自星系的光是各种颜色的混合，是由所有其内部恒星产生的。分光镜将光分开，分成其组分的各种颜色，每种颜色可以单独进行精确地分析。使用棱镜也可以简便

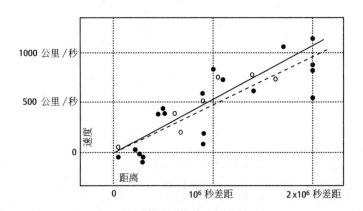

图7 哈勃图。这是哈勃于1929年发表的最早的速度－距离图。从图中我们可以注意到某些近临的星系实际上正在接近银河系。在这张图中有相当大的弥散。

地达到相同的目的。普通白光可以用棱镜分光形成像彩虹般的光谱。除了也有不同的颜色外，天文光谱也包含着尖锐的特征线，称作发射线。这些线通过电子在不同能级间的跃迁产生于天体内部的气体中。按照化学元素的不同，这些跃迁出现在确定的波长；这些波长在实验室中可以精确地测量出。哈勃能够在许多他所观测的星系光谱中识别发射线。可是比较这些线在光谱中的位置与它们应该出现的位置时发现，它们通常所处的位置往往是错的。事实上，这些线几乎都向光谱的红端——较长的波长位置移动了。哈勃解释这个现象为多普勒移动。

多普勒移动

多普勒效应最初是19世纪40年代在号声中被引入物理学。之所以这样说是因为，第一个证明这种效应的实验是几个号兵在运动的蒸汽火车上做的。这个实验是研究当声音源和接收者之间有相对运动时声波的性质。我们从日常经验中很熟悉这种效应：接近的警笛比远离的警笛音调要高。理解这种效应的最简单方法是按照声波的波长记住不同的音调。高音调波长短。如果一个声音源以接近声音的速度移动，追赶它在前面发出的声波，视波长便会减小。相反，如果它不断离开它前面发出的声音，视波长便会增加，从而导致视音调降低。

多普勒效应在天文学中适用于光。尽管效应很弱，但当一个光源的速度达到光速的几分之一时就可以感觉到了。（声音的多普勒效应很小，除非车速相当快，与声速有可比性）。移动的发射源如果朝向观测者运动，产生较短波长的光，如果退行，将产生较长波长的光。在这两种情况下，光分别向光谱的蓝色部分和红色部分移动。换言之，就是蓝移（靠近光源）和红移（远离光源）。

但是如果光源发出白色的光，我们可能看不到任何移动。假设每条谱线都在波长上红移了一个量x，波长y处发出的光应该在波长y+x处观测到。但是等量的光仍可以在波长y处观测到，因为波长y-x处发出的光移过来填充了移走的光的空缺。因此白光看上去仍然是白光，不管多普勒移动了多少。为了看到多普勒效应，我们必须要看出现在离散频率处的发射线，这里不会出现上述的补偿。一组射线整体在光谱中向红端或蓝端移动，但射线之间仍保持相对空间，因此很容易识别相对于实验室光源，它们移动了多少。

哈勃在他的测量样本中发现越遥远的星系红移越大，而比较近的星系红移较小。他假设观测到的是多普勒红移，所以他将谱线的移动转换为速度的测量。当他绘出"视向退行速度"相对于距离的图时，便得到了著名的线性关系。尽管哈勃定律现在用来代表宇宙的膨胀，哈勃自己并没有这样来解释他的结果。勒梅特可能是第一位用哈勃定律来解释宇宙膨胀的理论家。勒梅特发表于1927年的论文预示了哈勃的经典论文将于1929年诞生，但在当时并没有造成什么影响，因为该文用法语写成并发表于一本不太著名的比利时期刊。直到1931年英国天文学家亚瑟·斯坦利·爱丁顿（Arthur Stanley Eddington）才将勒梅特的论文（用英语）发表在更有影响的《皇家天文学会月报》上。用来解释宇宙膨胀的哈勃定律是大爆炸理论的主要支柱，勒梅特在天文学发展中迈出的这重要一步功不可没。

哈勃定律的解释

星系被观测到朝远离我们的方向运动的事实说明我们可能是膨胀的中心。这难道不是把我们摆在一个特殊的位置而与哥白尼原理相违背吗？答案是否定的。因为任何其他观测者也会看到所有东西都在远离。事实上宇宙中的每一点对于膨胀都是等价的。另外，数学上可以更进一步证明，哈勃定律的成立必须要求有一个均匀和各向同性的膨胀宇宙，即要求宇宙学原理成立的宇宙。这样的宇宙的膨胀只能按哈勃定律所描述的方式进行。

为了帮助理解上述问题，可以将三维空间缩减为气球的二维表面（这是针对封闭宇宙说的，不过为了说明情况，用哪一种几何形式的宇宙关系不是特别大）。如果在气球表面喷涂小点，然后将气球吹大，每个点看到其他点都是远离的，好像自己是膨胀的中心。但这种类推有问题，因为二维表面通常包含在三维空间中。我们似乎可以把气球内部空间的中心看作是真正的膨胀中心，然而这是不正确的。我们须将气球视作整个宇宙。它并不存在于另一个空间中，故球体的中心也不存在。气球上的每一点都是中心。难点在于，人们经常被头脑里的一个问题弄糊涂，大爆炸究竟是在哪里发生的？我们不是在远离最初的爆炸点吗？爆炸的位置在哪？答案是，爆炸发生在每一处，所有物质都在远离它。但是在最初，也就是大爆炸奇异点，这时所有地点和所有物质都在同一地方。

勒梅特之后的70年，哈勃定律仍然存在一些解释的困难。哈勃测量的是红移而不是速度。红移在宇宙学里一般用z表示，是测量观测到的射线相对其应处位置的波长变化。哈勃定律有时被叙述为红移z和距离d之间的线性关系，而不是退行速度和距离之间的关系。如果速度比光速c小很多，那将没有问题，因为此时红移大概是速度和光速之比。所以如果z和d成正比且z和v成正比，则v和d也成正比。但是当红移比较大的时候，这种关系就不正确了。此时该用怎样的形式呢？在弗里德曼模型中，对哈勃定律的解释出乎意料地简单。退行速度v和距离d之间的线性关系是严格确定的，即使速度任意大也是如此。这可能会使你困惑，因为你知道物体的运动速度不能超过光速。在弗里德曼宇宙中，离观测者距离越远，远离观测者的速度越大。一个物体的运行速度可以超过光速达到任意值。而这并不违背相对论，因为观测者无法看到它，这时红移已经达到了无限。

还有一个潜在的问题是，距离d的意义是什么？怎样测量它？天文学家往往并不是直接测量一个天体的距离。他们不能将尺子延伸到遥远的星系，也不能像测量员用三角测量法测量，因为距离实在是太遥远了。取而代之的测量方法是靠天体发出的光。由于光是以一个有限的速度传播的，而且哈勃让我们知道宇宙是膨胀的，所以天体现在已不在它发光时所处的位置了。天文学家不得不用间接的方法测量距离，并试图修正宇宙膨胀的影响来确定物体的实际位置。

但事实上哈勃定律在这个意义上也是有用的。弄清天体的速度和距离未必很复杂。尽管红移一般被认为是多普勒移动，还有另一种更加简单且更加准确的方式来理解这个效应。在膨胀的宇宙中，任意点之间的距离在所有方向上都是增加的。想象一张绘图纸的扩展，纸上的方格在某个特定时刻是前面一时刻的放大。由于保持了对称性，只需要知道方格放大的倍数就可以将方格恢复到从前。同样，由于宇宙膨胀保持均匀性和各向同性，只需要知道尺度因子就可以从现在的数据获得过去物理条件下的图景。这个因子一般用符号a(t)表示，而它的值是由前一章讨论过的弗里德曼方程决定的。

我们需记住光是以有限速度传播的。从一个遥远光源到达我们的光一定是过去某个时刻发出的。在它发出光的时候，宇宙一定比现在年轻，因为宇宙在不断膨胀着。那时候的宇宙也一定小一些。如果宇宙从光的发射到光被望远镜探测到这一过程中按照某个因子膨胀，发射的光波在空间行进的过程中也以相同的比例拉伸。例如宇宙膨胀的因子是3，波长也变为3倍。这个增长为200%，观测到的源红移也就是2。如果膨胀因子只增加10%（即因子为1.1），红移就为0.1。红移就是由宇宙膨胀引起的时空拉伸。

这个解释如此简单以至于在许多年中都没有引起物理学家的注意。1917年德·席特（Wilhem de Sitter）发表了他构建的一个宇宙学模型，他发现在该模型中光线应该被红移。因为他使用了奇怪的坐标来阐述他的结果，他没有认识到他的模型代表了一个膨胀的宇宙，而是试图将其发现解释为某种奇怪的引力效应。对"德·席特效应"的困

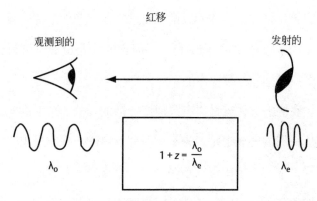

图8　红移。当光从星系光源传到观测者时，被宇宙膨胀拉伸了，最终到达的光波的波长比发出时长。

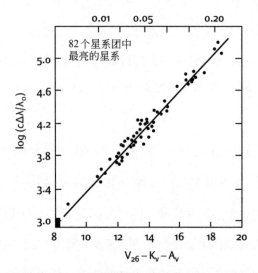

图9　更新后的哈勃图。这是根据阿伦·桑德奇（Allan Sandage）的工作整理的较新的速度和距离关系。距离范围比哈勃原始图大很多。图中的左下角黑色小长方形包含了哈勃1929年的数据。

惑持续了多年，现在才知道它其实非常简单。

需要着重强调的是并非所有东西都参与膨胀。靠引力之外其他力结合在一起的物体不参与膨胀。这些物质包括基本粒子、原子、分子和岩石。当宇宙在它们的周围膨胀时，这些物质将保持固定的物理尺寸。类似地，内部引力为主的物体也抗拒着膨胀。行星、恒星和星系都是由非常强的引力束缚在一起而不随宇宙膨胀。尺度比星系更大的物体中，也不都是相互远离。例如仙女座星系（M31）实际上是朝着接近银河系的方向运动，因为这两个天体是由它们之间的引力相互吸引而靠近的。一些大的星系团也是同样地抵抗着宇宙膨胀而结合在一起的。更大的天体不一定要被束缚（如单独的星系），但是它们的引力可能仍足够强，从而会导致哈勃定律失效。尽管哈勃定律的线性已经适用于相当远的距离，但这条直线有相当大的"弥散"。部分弥散是由统计误差和距离测量上的不确定性造成的，但这不是全部原因。在一个理想的、均匀的、各向同性的宇宙中运动的天体，哈勃定律才是严格正确的。我们的宇宙在足够大尺度上满足上述条件，但并不是完全均匀的。在哈勃图上，宇宙的成团性使星系从纯"哈勃流"

偏移，引起弥散。

但是在最大的尺度上，没有足够强大的力来抗拒宇宙随时间膨胀的趋势。因此粗略地看，忽略所有这些相对局部的扰动，所有物质都是在远离其他物质，速度由哈勃定律给出。

探求H_0

本书到此已经集中讨论了哈勃定律的形式以及其理论解释。接下来将讨论哈勃定律的另一个重要方面，这就是常数H_0的值。哈勃常数H_0是宇宙学中一个最重要的参数，但同时也反映了大爆炸模型的一个缺陷。大爆炸理论不能预测这个重要的值的大小；而哈勃常数包含了理论无法解释的宇宙的最初状态的信息。通过观测获得H_0的真实值是项非常复杂的任务。天文学家需要做两项测量。首先，用光谱观测获得星系的红移，给出它的速度，这一步相对直接。第二项测量是距离的测量，难度要大得多。

假设你在一个大的暗室中，屋中有一个灯泡放在距你未知远的地方。怎样确定距离呢？一种尝试是使用三角测量法。可以使用测量仪器如经纬仪，在屋中移动，从不同的位置测量到灯泡的角度，然后用三角法算出距离。另一种测量距离的方法是利用灯泡发出的光的性质。假设你知道灯泡的功率，比如说是100瓦。同时假设你有一个曝光表。用曝光表测量接收到的灯光的量，光强度随距离的平方递减，故可推出到灯泡的距离。但是如果预先不知道灯泡的功率，这种方法就不适用了。另一方面如果有两个相同瓦数但不知具体值的灯泡放在屋子里，就可以非常容易地知道它们的相对距离。例如如果一个灯泡在曝光表上产生的读数是另一个灯泡的读数的1/4，则距第一个灯泡的距离是距第二个灯泡的两倍。但你却仍然不知道任何一个灯泡距离你的绝对值。

将以上想法用到天文学中，则使确定宇宙的距离尺度的问题更加突出。三角测量法是困难的，因为移动与待测距离相对数量级的距离是不可行的，除非特殊情况（见下）。利用恒星或其他光源测量绝对距离也是困难的，除非我们能够找到一些方法获知它们本身的光度（或输出功率）。一个邻近的、光线微弱的恒星看上去与一个很远的非常亮的星相似，因为一般来说，功能最强的望远镜也无法分辨恒星的不同。但是如果我们知道两个恒星（或其他天体）是相同的，测量相对距离则并不很困难。这些相对距离测量的校正是银河系外距离测量的中心任务。

客观地看待这些困难，我们应该想到在20世纪20年代前对宇宙尺度只有一个大概认识。在哈勃发现漩涡星云（当时的称谓）是在银河外面之前，普遍认为宇宙实际上相当的小。我们现在知道这些星云是与银河系类似的漩涡星系，往往被认为代表了类似太阳系等结构形成的早期阶段。当哈勃宣布发现了以其名字命名的定律时，他所得到的H_0的值大约是500公里/秒/百万秒差距（测量哈勃常数的常用单位）。这比现在估计的大出约8倍。哈勃在确认某类恒星为距离指示器时犯了个错误，当他的错误在20世纪50年代被巴德（Baade）改正后，哈勃常数值降到约250（单位与上面相同）。1958年桑德奇进一步将它修订为50和100之间，而且当前的观测估值仍在这个范围内。

现代的H_0测量使用一系列不同级别的距离指示器，级别逐级递增，从估测银河系内部恒星的距离为起点，直至测量最远距离的星系和星系团。但是基本思想仍然与哈勃和桑德奇提出的思想一致。

首先，我们利用局部运动学距离标准建立银河系的尺度。运动学方法不依赖一个天体的绝对光度的知识，类似于前面提到的三角测量方法。相对比较近的恒星的距离可以用恒星的三角视差来测量，即地球在空间中的运动造成的一年中恒星在天空中位置的变化。距离的天文单位——秒差距（pc），就来源于这种方法：当地球从太阳的一面移动到另一面时，1秒差距远的恒星将产生1角秒的视差。作为参考，1秒差距大约等于3光年。重要的天体测量卫星依巴古能测量银河系中几千颗恒星的视差。

另一类重要的距离指示器是变星，其中最重要的是造父变星。这类天体的变化暗含着它们本身的光度信息。经典的造父变星亮度比较高，其光变周期P与绝对光度L之间显示出非常紧密的关系。对远距离的造父变星P值的测量能估计出L，也就得出距离。这些星非常亮，所以在银河系外其他星系中的造父变星也可以被观测到，它们将距离测量扩展到大约4Mpc（4,000,000pc）。造父变星距离测量的误差源于星际吸收、银河系旋转、尤其是对造父变星和另一类叫做室女座W型变星的混淆，这些误差是引起哈勃最初的测量值H_0比较大的主要原因。其他的恒星距离指示器使得距离测量扩展到约10Mpc。以上这些方法总称第一级距离指示器。

第二级距离指示器包括HII区（炽热恒星周围的电离氢云区）和球状星团（由10万到千万数量的恒星组成的星团）。前者具有直径，后者具有绝对光度，这些天体平均值周围有较小的弥散。对这种相对指示器用第一级的方法进行校正，可将距离测量扩大到100Mpc。 第三级距离指示器包括最亮的星系团和超新星。星系团可以包含多达约一千个星系。人们发现在一个富团中最亮的椭圆星系具有非常标准的总光度，可能是因为这类天体是以吞噬其他星系的特殊方式形成的。利用最亮的星系可以测量几百Mpc的距离。超新星是爆炸的恒星，可以产生大约相当于整个星系的光度。这些恒星因此很容易在遥远恒星中观测到。此外人们也探索了许多间接的距离估算方法，例如对星系的各种内禀性质之间关系的探讨。

测量H_0的技术似乎已经具备了。但为什么对H_0值仍知之甚少？问题是在距离测量的阶次中某一级的小误差也会以积累的方式影响高级别的测量。在每一级中会有许多修正：银河系的旋转效应、望远镜口径的不同、银河系中

图10　哈勃空间望远镜。这张照片是1990年航天飞机进入轨道时拍摄的。这是哈勃空间望远镜承担的最重要的项目之一，通过测量距遥远新星系中恒星的距离来确定哈勃常数。

的吸收和视障，以及各种观测偏差。鉴于会有大量不确定的改正，为什么我们还不能得到精确的H_0值也就不足为怪了。从哈勃时代开始围绕距离的测量一直有着争论。但是随着最新技术的发展，我们似乎已经看到了结束这场争论的曙光。哈勃空间望远镜（HST）具有直接拍摄室女星系团各星系中恒星照片的能力，特别是能拍摄造父变星，这样就可以绕过在距离测量阶梯中传统测量方式的不确定性。HST在距离测量上的主要项目能够将哈勃常数的精确

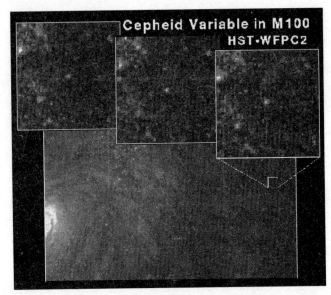

图11　M100中的造父变星。这张照片由哈勃空间望远镜拍摄。三幅图像显示的是变量，即现在已知的造父变星。哈勃望远镜能够直接测量距这个星系的距离，而不必使用在望远镜进入轨道工作前的间接方法进行测量。

度定在10%左右。这个项目还未完成，但最新的H_0值估计

应该在60到70公里/秒/百万秒差距的范围之间。

宇宙年龄

　　如果宇宙膨胀的速率是固定的，则哈勃常数与宇宙年

龄之间的关系就非常简单。所有星系现在都在远离，而在

宇宙形成之初，它们应该处于同一地方。我们需要做的就
是推算出膨胀开始的时刻，那么宇宙的年龄也就是从膨胀
开始到现在经过的时间。计算非常简单，宇宙的年龄就是
哈勃常数的倒数。按照现在估计的 H_0 的值，可算出的宇宙
年龄大约是150亿年。

但是只有在一个内部完全是空的、没有物质使膨胀减
缓的宇宙中，这样计算才是正确的。在弗里德曼的模型中
膨胀减速量取决于宇宙中物质的多少。我们并不能确切知

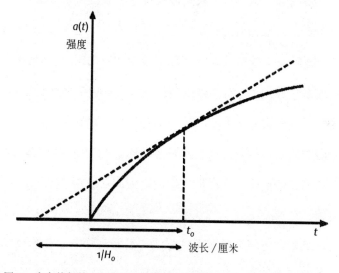

图12　宇宙的年龄。无论是开放的、平坦的还是封闭的宇宙，弗里德曼模
型总是减速的。这意味着哈勃时间 $1/H_0$ 超过了从大爆炸（ t_0 ）开始到
现在所经历的真实时间。

道所需要的减速量的大小，但是很明显的是宇宙年龄要比我们的计算值小。如果膨胀正在减慢，那说明它过去膨胀得一定比现在快，那么宇宙只需要比实际更少的时间即可成为现在的状态。但是减速效应并不是很大。平坦宇宙的年龄应该约为100亿年。

另一种独立的估计宇宙年龄的方法是估算其内部物质的年龄。由于大爆炸代表物质和时－空的起源，显然宇宙内部不存在比宇宙更老的东西，但是确定天体年龄并不容易。我们可以用岩石中放射性同位素的衰变来估计陆相岩的年龄，如铀235，其半衰期达几十亿年。这种方法十分易于理解，与放射性碳测年在考古中的应用相似，唯一不同的是，应用到宇宙学时需要使用比碳-14半衰期长很多的元素来得到非常大的时标。但是这种方法只限于给太阳系内的物质测年。月球和陨石比地球上的物质年代久远，但它们在宇宙历史中最近才形成，因此对宇宙学来说并不适用。

测量宇宙年龄最有用的方法并不那么直接，最强的约束来自对球状星团的研究。这些星团中的恒星被认为是同时产生的，而这些恒星的质量非常轻，说明它们的年龄很老。由于它们都形成于相同时间，因此放到一起研究可以估计其演化过程。这将给出宇宙年龄的下限，因为我们首先必须给星团从大爆炸开始到它们形成留出一些时间。现在的研究显示这样的球状星团系统的年龄大约是140亿年，尽管最近些年对此一直有争议。

我们可以看到这样的结果对于平坦宇宙模型构成直接的问题。球状星团中恒星的年龄相对于平坦宇宙较短的年龄显然是太长了。这种结论在某种意义上支持了我们生活在开放的宇宙这样一个观点。最近，测定到老恒星的年龄似乎与其他证明宇宙可能加速而不是减速的证据非常吻合。本书将在第6章对此进一步讨论。

第五章

大爆炸

尽管弗里德曼模型的基本理论被认为是框架已存在多年，大爆炸理论出现的较晚，只是在最近才提出的，被认为是能够大致解释宇宙如何随时间演化的最可能的理论。许多年来，大多数宇宙学家喜欢另一种称为稳态的模型。事实上大爆炸理论也有多种版本。用"热大爆炸"可更加精确地描述这个现代理论，以将它与旧的理论（现已被抛弃）区别开，旧理论的初始状态是冷的。正如我已经提到过的，将大爆炸称之为"理论"并不完全正确。理论和模型的区别是微妙的，但以如下方式定义其区别对我们会有帮助：理论一般是完全自恰的（它可以没有可调参数，且所有数学量都要预先定义）而模型在这个意义上并不完整。由于大爆炸的初始状态的不确定性，很难做出确定的预测，因此也难以对它进行测试。稳态理论的赞同者在很多场合对此进行了抨击。具有讽刺意味的是,"大爆炸"这个术语最初是由这个模型的最著名反对者之一,弗雷德·霍伊尔(Fred Hoyle)爵士为了贬损它在BBC广播节目中杜撰的。

稳态理论

由戈尔德(Gold)、霍伊尔(Hoyle)、邦迪(Bondi)、纳利卡(Narlikar)等人提出,在稳态理论中宇宙是膨胀的,但其属性一直不变。这个理论背后的原理被称为完美宇宙定则,它是宇宙学原理的广义化,指出宇宙在空间上是均匀和各向同性的,对于时间也具有同质性。

因为稳态宇宙的所有属性在时间上都必须是常量,这个模型的膨胀率也是常数。于是可以找到爱因斯坦方程对应此模型的一个解。这个解称作德西特解。但是如果宇宙膨胀,物质密度需随时间减小。稳态理论要求存在一个称为C场的场,以稳定的速率创造物质以抵消宇宙膨胀产生的稀释。这个称作"持续创造"的过程在实验室中从未被观测到,但是这种创造的速率非常低(就宇宙现在年龄而言每立方米只产生一个氢原子），难以通过直接观测来判断它是否是可能的物理过程。

许多理论家更喜欢稳态理论，因为它比其他与之竞争的理论更容易检验。只要找到任何支持宇宙过去和现在不同的证据就可以推翻该理论模型。从20世纪40年代后期开始，观测者们试图寻找是否遥远星系（人们看到的是它们过去的样子）的属性和那些近邻星系存在什么不同。这样的观测是困难的，而且在怎样解释观测结果的问题上，稳定态理论的支持者和反对者之间产生了激烈的争论。一个例子是当射电天文学家马丁·赖尔（Martin Ryle）宣称发现射电天体的属性的重大演化时，弗雷德·霍伊尔和他产生了严重分歧。直到20世纪60年代中期一个偶然的发现才为解决这个争论提供了重要依据。

确凿证据

20世纪60年代早期，两位物理学家阿尔诺·彭齐亚斯（Arno Penzias）和罗伯特·威尔逊（Robert Wilson）使用通讯卫星形状奇特的喇叭状微波天线，研究地球大气的辐射。这架望远镜是为研究对卫星通讯系统可能造成干扰的干扰源而设计的。彭齐亚斯和威尔逊非常惊异地发现了一种均匀的、一直存在的背景噪声。终于，在进行了许多检查并驱赶走在这架望远镜中筑巢的鸽子后，他们最终接受了背景噪音无法去除的事实。巧合的是在不远处的新泽西的普林斯顿，包括狄克（Dicke）和皮伯斯（Peebles）在内的一组天文学家一直在试图设计一个侦测大爆炸产生辐射的实验。他们认识到有人在这一领域领先于他们。在1965年的《天体物理》杂志上彭齐亚斯和威尔逊发表了他们的结果，而同时刊登的狄克小组的文章则解释了这个发现的含义。彭齐亚斯和威尔逊获得了1978年的诺贝尔奖。

微波背景被发现后，即受到了大量的关注。我们今天对它的了解比1965年的时候要多得多。彭齐亚斯和威尔逊注意到这种背景噪声不随每天的时间变化，也就确定了它不是人们料想的大气现象。事实上微波背景辐射的高度均匀性显示出它甚至与我们银河系内部的天体也不相关（银河系内部的天体在天空的分布也不均匀）。它显然是在银河外。更加重要的是，现在我们知道这种辐射具有非常特殊的、被称为黑体的谱。黑体辐射出现时，辐射源既是辐射的完全吸收者也是辐射的完全发射者。黑体产生的辐射一般称作热辐射，因为完全吸收和发射使得辐射源保持热平衡。

这种背景辐射的黑体特征谱毫无疑问地证明了它产生于原始火球最初的热平衡条件下。微波背景现在非常冷：不足绝对温度3度。但是作为宇宙膨胀的一种效应这种辐射逐渐变冷，因为辐射的光子产生红移。将时钟拨回到宇宙演化的早期，那时这些光子逐渐变热，能量也越来越高，最终辐射开始对物质产生强烈影响。普通的气体是由原子组成，原子包含围绕核运动的电子。但是在一个强辐射场，电子被剥离形成等离子体，在其中的物质被电离。这个过程大约发生在大爆炸后的300,000年，那时温度是几千度，宇宙比现在约小1000倍，密度高10亿倍。在这个时期整个宇宙的温度与太阳表面一样热（太阳的辐射也接近黑体的形式）。在完全电离的条件下，物质（特别是自由电子）和辐射经历了快速碰撞以保持热平衡，因此当宇宙被电离时它就不透光了。随着它的膨胀和冷却，电子和原子核重新复合成原子。复合发生时光子散射效率要低得多。宇宙经历复合过程后又变得透明，所以我们今天看到的微波背景是在复合时期电子散射的冷遗迹辐射。当辐射最终经散射过程释放，它在光谱的光学或紫外部分，但是那以后由于宇宙膨胀，它不断向红端移动，使得现在可以在红外或微波波段看见。

因为宇宙微波背景在整个天空有接近完美的各向同性，它提供了支持宇宙学原理的证据，同时也提供了星系和星系团起源的线索，但它对大爆炸理论的重要性远不止于此。微波背景辐射的存在使得宇宙学家能够推演大爆炸

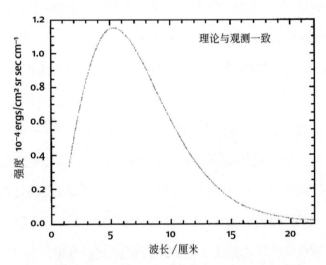

图13 宇宙微波背景辐射谱。这幅图显示了宇宙微波背景强度的测量值是波长的函数。理论值和测量值都在图上绘出。两者非常相符，一条曲线完全覆盖在另一条上。这个完美的黑体特征是宇宙开始于一个热大爆炸的最强的证据。

早期的条件和状况，特别是有助于解决宇宙的化学组成
问题。

核合成

宇宙的化学组成基本上是非常简单的。大多数已知的
宇宙物质是以氢的形式存在的，氢是所有化学物质中最简
单的结构，包含一个单质子原子核。宇宙中超过75%的物
质是这种简单的形式。除了氢，宇宙中大约25%（以质量
为衡量单位）的物质成分是氦-4，它是一种稳定的氦同位
素，其原子核中有两个质子和两个中子。另外有两种稀有
的元素，所占比重大约为氦-4的大约十万分之一。其中一
种是氘或常称的重氢，它的原子核由一个质子和一个中子
组成。另一种是氦的轻同位素氦-3，与其重同位素相比，
氦-3少了一个中子。最后是锂-7，它作为小的示踪元素其
丰度仅占氢的百亿分之一。以上化学组成是怎么来的呢？

从20世纪30年代起我们已经知道恒星燃烧氢作为其核
燃料。在这个过程中，恒星也合成了氦和其他元素。但是
我们知道仅靠恒星自身是无法产生上面提到的少量轻元素

的。首先在恒星过程中，氘的破坏速度比其生成速度逐渐加快，因为恒星中的强辐射场将氘分解成质子和中子。在恒星内部比氦-4重的元素的形成相当容易，但是观测到的氦-4的比例太高，通常的恒星演化理论无法解释。

有趣的是阿尔弗（Alpher）、贝特（Bethe）和伽莫夫（Gamow）早在20世纪40年代就认识到了单独用恒星过程解释氦丰度的困难，而正是他们提出了一个模型认为核合成出现在宇宙演化早期。由于这个模型中的难题，特别是氦的超产，使得阿尔弗和赫曼在1948年想到，在核合成时期应该存在一个非常强的辐射背景。他们估计这个背景的温度现在大约是5K，与我们目前所知的差距不大，尽管它的提出比宇宙微波背景发现约早15年。

对原始火球中产生轻核的相对量的计算需要假设宇宙在相应的演化时期的一些属性。除了弗里德曼模型中的一般假设外，还需要假设早期宇宙经历温度超过10亿度的热平衡阶段。在大爆炸模型中这发生在非常早的阶段——最初的几秒钟内。除此以外，计算是很直接的，而且可以利用最初为模拟热核爆炸编制的计算机程序代码来实现。

在核合成开始前，质子和中子通过弱核相互作用进行持续地互相转换（核相互作用稍后将详细讨论）。只要质子和中子处于热平衡状态，质子和中子的相对数量是可以计算出来的。当弱相互作用足够快以保持热平衡，质子和中子比率根据周围不断变冷的环境持续调整，但是在某些临界点上，弱核反应不足，比率不再能调整。这种时刻，质子和中子比率被"封冻"在一个特定的值（大约每6个质子1个中子）。这种比率是确定氦-4的最终丰度的基础。要将质子和中子加在一起制造氦，必须先制造氘。但是我已经提到氘很容易被辐射破坏。如果一个氘核被一个光子击中，它就被分解为质子和中子。当宇宙非常热时，氘在刚被制造后就会被破坏。这个困难被称作氘瓶颈。当这种核"堵车"存在，氦是不可能被制造的。另外，在此之前被封冻的中子开始衰变，其寿命大约是10分钟。因此衰变的结果是，能够参与后续氦的制造的中子数量略有减少。

当辐射场的温度降到10亿度以下时，辐射的强度不足以分解氘，氘将保持足够长的时间等待进一步反应的出现。两个氘核可以合并，去掉一个中子就制造了氦-3。氦-3可以捕获一个氘核并去掉一个质子制造氦-4。这两个反应非常快，结果是所有中子在氦-4产生后被用尽，只剩了中间产物氘和氦-3的残留。氦-4的丰度自然就按照需要占了质量的25%左右。同时，算出的中间原子核的数量也和观测接近。所有这些反应都发生在原始火球的最初几分钟。

这似乎是该理论的巨大成功，的确也如此。但是来自大爆炸的核丰度的详细计算结果与观测到的元素丰度仅在某个关键参数的特定值一致，这个参数是宇宙的重子－光子比率。只有当这个数为百亿分之一时，整个模型才可以成立。也就是每百亿个光子有一个质子或中子。我们可以使用已知的微波背景温度来计算宇宙中有多少光子，这可以非常准确地计算出来。由于我们知道使核合成理论成立所需要的重子－光子率，我们可以用这个适当值来计算重子的数目。结果是重子物质的数量仅约占宇宙封闭所需物质数量的百分之几。

时间回溯

复合时期微波背景的产生和核火球时期的元素合成是大爆炸理论的主要成功之处。与详细计算结果相符的观测结果为这个模型提供了有力的支持。在这些成功的支持下，宇宙学家已利用大爆炸理论来研究高温、高密物质相关的其他一些现象和结果。在这些研究中大爆炸在极大和极小的物质间建立了联系。

让我们回溯宇宙的形成史，回溯越久远，宇宙就越小且越热。我们现在生活在大爆炸后的150亿年。微波背景

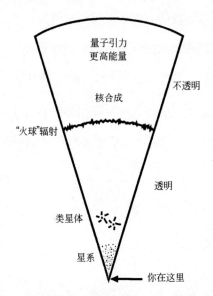

图14 回溯时间。当我们在空间望得越远，我们在时间上也回溯得越久远。我们可以在相对较近的地方看到星系。再远些我们可看到高活动性的星系，也就是类星体。更远处有一个"黑暗时代"：通过回溯时间看到的星系形成前的宇宙。最终可看到遥远的宇宙，那时的宇宙十分炽热，是一个不透明火球，酷似恒星的中心部分。火球的辐射穿过膨胀的宇宙到达地球，成为微波背景。如果还能看得更远，就能看到类似恒星中发生的核反应。早期的能量非常高，只能借助想象来推测。最终我们到达宇宙的边缘……那时量子引力得十分重要，但我们对那时的情况一无所知。

产生于大爆炸后300,000年。核合成在最初几分钟。要理解宇宙更早期的情况，需要知道当物质处于能量水平高于核反应所需能量时的状态。探测这种能量水平的实验耗资巨大。粒子加速器，如在日内瓦的CERN，可以重塑宇宙最初时的某些状态，但人们对在这样的极端条件下物质性质的知识还是零散的，还不能了解核合成之前的情况。

早期的物理学家就认为可以在大爆炸模型中应用物理理论。当今，物理学的粒子理论在其他领域很大程度上仍未得到检验，于是大爆炸模型就成了校验该理论的试验场。要弄清这个过程，需要了解粒子物理最近40年的发展。

自然界的四种力

在相对论和量子力学等新理论的武装下，以及在依靠实验技术进步获得的新发现的推动下，本世纪[1]的物理学家试图将自然科学的范围扩展到自然界的方方面面。所有

---

1 应为上世纪

现象都可归于自然界四种力的作用。这四种基本的作用力使得组成所有物质的基本粒子相互作用。我已经介绍过其中的两种，电磁力和引力。另外两种是关于原子核组成成分之间的相互作用，弱核力和强核力。四种力的强度不同（引力最弱，强核力最强），且参与相互作用的基本粒子也不同。

电磁力将电子束缚在围绕原子核的轨道上，也是将所有我们所熟悉的任何物质结合起来的力。然而，在20世纪早期人们认识到，为了将麦克斯韦理论具体地应用到原子，需要引入量子物理和相对论的思想。里查德·费曼（Richard Feynman）等人基于狄拉克工作基础上的努力使电磁力的完全量子理论得以发展起来，该理论称为量子电动力学（简称QED）。在这个理论中，光子形式的电磁辐射负责在电荷不同的粒子间传递电磁作用力。

在深入探讨作用力之前，有必要提及和这些力相关的基本粒子的性质。被称作费米子的粒子规定了物质的基本的属性。和它们相区别的是力的载体－玻色子（如光子），玻色子和费米子具有不同的自旋。费米子分为两类，轻子和夸克，而每类又分成三代，每代包含两个粒子。因此总共有六个轻子（三对），六个夸克（三对）。每对轻子中的一个带电（如电子），而另一个不带电，叫做中微子。电子是稳定的，而另外两个带电的轻子（μ和τ）衰变非常快，非常难检测到。

夸克都是带电的，且三类都是成对的。第一对包括上夸克和下夸克；第二对是奇夸克和魅夸克；第三对是底夸克和顶夸克。但是没有发现自由夸克。它们总是被"禁

基本粒子

夸克	u 上夸克	c 魅夸克	t 顶夸克	γ 光子	力载体
	d 下夸克	s 奇夸克	b 底夸克	g 胶子	
轻子	v_e 电子中微子	v_μ 中微子	v_τ 中微子	Z z玻色子	
	e 电子	μ μ子	τ τ子	W w玻色子	
	I	II	III		

物质的三代

图15 物质的组成。粒子物理的标准模型是由相对少量的基本粒子组成。三代夸克中每代有两个粒子。具有强作用的、较重的核子由夸克构成。没有强作用的轻子的分类与夸克相似。夸克和轻子都是费米子，它们之间的力是由玻色子传递的（图右侧）。这些玻色子包括光子、胶子以及弱W和Z。

闭"在称为强子的复合粒子中。强子包括重子，由三个夸克组成，最常见的强子是质子和中子。还有许多其他的强子态，但大多数不稳定。它们可能产生于加速器实验（或在大爆炸中），但无法在衰变前长久保持稳定。按我们当前的理解，似乎是在时间开始的一百万分之一秒内，夸克具有足够能量使其获得自由。在此时间内，熟悉的重子粒子溶解在夸克"汤"中。

每个费米子都有一个镜像叫做反粒子。电子的反粒子是正电子；也有反夸克和反中微子。

QED理论叙述了带电费米子之间的电磁相互作用。下一个要讨论的是弱核力，它是造成某些放射性物质衰变的力。所有费米子，包括中微子都参与弱相互作用。中微子不带电，不受电磁作用。如同电磁作用由光子传递，粒子间的弱作用力由非光子的其他粒子传递，这些大质量粒子叫做W和Z玻色子。因为这些粒子具有质量（与光子不同），所以弱核力作用范围小，且它的效应限制在原子核这样小的尺度上。W和Z粒子扮演了与光子在QED中相同的角色：它们和光子都属已知的规范玻色子。

通过强相互作用将强子中的夸克结合在一起的理论叫

做量子色动力学（或QCD），其理论基础与QED相似。在QCD中，有另外一套规范玻色子传递作用力。它们被称作胶子，共有8种胶子。另外QCD还有一个属性，称作"颜色"，它扮演了QED中的电荷的角色。

寻找统一理论的努力

是否可以效法19世纪麦克斯韦具有影响力的电磁统一理论，将所有QED、弱相互作用和QCD纳入一个包罗众多内容的单一理论？

1970年格拉肖（Glashow）、萨拉姆（Salaam）和温伯格（Weinberg）提出了将电磁力与弱核力统一起来的理论，称为弱电统一理论，这两种不同的力被视作单一力的低能表现形式。当粒子具有低能量且运动较慢时，弱力和电磁力的性质是不同的。物理学家说，在高能状态电磁力和弱相互作用力之间具有某种对称性：电磁力和弱力在低能状态的不同是因为这种对称性被破坏。想象一支铅笔竖着，从各个方向看都是相同的。瞬间的空气扰动或者汽车通过产生的震动会使它倒下。虽然它向各个方向倒的概率相等，但当它倒时，它只会在某个特定的方向倒下。同样，电磁力和弱核力之间的不同可以被看成是偶然的，是我们的宇宙中高能对称性被破坏的一个偶然结果。

弱电统一和强相互作用共存于一个基本作用理论中，这个理论叫做标准模型。这个模型非常成功，因为它所预测的所有主要粒子几乎都被发现，只有一个例外（一个特殊的叫做希格斯介子的玻色子，被用于解释标准模型中的质量，到目前为止还没有被发现。）但是这个模型不能像弱电统一理论统一两种力一样去统一三种力。物理学家希望最终将三种我们讨论过的力统一到一个单一的理论中，也就是所谓的大统一理论，或简称GUT。这个理论有许多版本，但尚不知道哪个正确（如果有正确的话）。

与统一理论相关的一个思想是超对称性。根据这个假设，费米子和玻色子之间存在着基本对称性，在标准模型中两者是分别处理的。在超对称理论中，每个费米子都有一个玻色子"伴侣"，反之亦然。夸克的玻色子伴侣是标量夸克，中微子的伴侣为标量中微子等等。光子作为一种玻色子，它的费米子伴侣叫做光微子。希格斯玻色子的伴侣是希格斯微子等。超对称性提供了一种有趣的可能性：在高能状态下显现的众多粒子中至少有一类可能是稳定的。可否是这些粒子中的一种组成了似乎遍布宇宙的暗物质？

重子相变

显而易见，对称性概念在粒子理论中起了重要作用。例如，就电荷而言，描述电磁作用的方程是对称的。如果将所有正电荷变为负电荷，或者将负变为正，描述电磁力的麦克斯韦方程仍然正确。换句话说，将负电荷分配给电子，正电荷给质子的选择是任意的，可以反过来分配而理论上不会有什么差别。这种对称性被解释成电荷守恒定律：电荷既不能产生也不能消失。据此，我们的宇宙不应该带电：正电荷与负电荷同样多，所以净电荷为零。这看上去是符合事实的。

物理定律也似乎无法区分物质和反物质。但我们知道普通物质比反物质普遍。特别是我们知道重子（质子和中子）的数目超过反重子。重子带有特殊的"荷"，称作重子数B。宇宙有一定净重子数。像净电荷一样，我们应该认为重子数守恒。如果B现在不为零，我们自然会得出结论：过去它从来就不为零。产生这种非对称性的问题，即重子相变的问题，使研究大爆炸理论的科学家困惑了相当长的时间。

俄国物理学家安德烈·萨哈罗夫（Andrei Sakharov）1967年首次计算出净重子非对称性的条件，指出重子数不必守恒。他解释说，物理定律是重子对称的，宇宙早期没有净重子数，但当它冷却后重子逐渐多于反重子的情况出现了。他的工作有令人惊异的预见性，因为所有这些工作都是远在任何统一的粒子物理理论建立之前即已完成的。他提出一个模型：早期宇宙中每十亿个反重子有十亿零一个重子。当重子和反重子碰撞，它们消失在电磁辐射中。在萨哈罗夫的模型中，大多数重子都会遇到反重子，并在碰撞后消失，最终我们的宇宙中每存留一个重子就有数十亿个光子。在我们的宇宙中，情况也确实如此。宇宙微波背景辐射中每含有一个重子就会有数十亿光子。这种解释是粒子物理学和宇宙学交叉的很好例子，但其影响力还不够。在接下来的一章，我将讨论宇宙膨胀的思想，根据该思想，亚原子物理被认为影响整个宇宙几何。

第六章

宇宙发生了什么

宇宙是有限的还是无限的？大爆炸中止于一场大坍缩吗？空间真的是弯曲的吗？宇宙中有多少物质？这些物质是以何种形式存在的？我们肯定希望科学的宇宙学能够成功地给出这些基本问题的答案。相关的答案依赖于一个至关重要的参数Ω（欧米加）。天文学家们一直设法利用对我们周围宇宙的观测结果来获取Ω值，但并未获得明显进展。目前新技术的迅速发展和应用使我们有可能在最近几年最终测定Ω的值。但是随之问题出现了。最近的观测表明，Ω也不能解决所有问题。然而，Ω的问题并不完全是一个观测的问题，因为这个量的精确值可以为掌握大爆炸早期状态和宇宙大尺度结构提供重要线索。为什么Ω如此重要而它的值又如此难以获得？

对Ω的探索

要想理解Ω在宇宙学中的角色，首先需要考虑爱因斯坦广义相对论中时－空的几何性质（如曲率和膨胀）与物理性质（如密度和运动状态）之间的关系。如我在第三章中讲到的，由于引入宇宙学原理，广义相对论在宇宙学中的应用大大简化。整个宇宙的演化于是可以由一个相对简化的方程来描述，这个方程就是我们所知的弗里德曼方程。

弗里德曼方程被看作宇宙整体能量守恒定律的表达式。在宇宙中能量有多种形式，但这里只涉及两种相对简单的形式。一个运动的物体如子弹带有的能量叫做动能，它的大小与其质量和速度有关。由于宇宙在膨胀，所有星系都在迅速远离。因此宇宙中显然有大量的动能。能量的另一种形式是势能，这在理解上稍有困难。当一个物体在运动且受到某些力的作用，它可能获得或失去某些势能。例如，设想将一个砝码拴在一根摇摆的绳子一端，做成一个简单的钟摆。提起砝码要克服引力做功，因此砝码获得势能。如果松开砝码，钟摆就开始摆动。砝码下落时获得动能并失去势能。在这过程中，能量在两种形式间进行了转换，系统的总能量保持不变。砝码沿着弧形路径摆动，当运动到弧的底部时，它没有势能而却仍继续运动。在开始另一次摆动前，它会回到弧的顶端短暂停留（瞬时地）。在顶端没有动能而只有最大势能。无论砝码的位置在何处，这个系统的能量是守恒的，这就是能量守恒定律。

在宇宙学中动能的大小依赖于膨胀速率，或换句话说依赖于哈勃常数H_0。势能依赖于宇宙密度大小，即宇宙的单位体积内有多少物质。遗憾的是我们并不精确地知道这个量：它比哈勃常数的值更不肯定。如果我们知道物质的平均密度和H_0的值，就可以计算出宇宙的总能量，它必须是不随时间发生变化的常量，才能满足能量守恒定律（在宇宙学中则是弗里德曼方程）的要求。

我们将广义相对论涉及的方法上的难题暂时搁置，用高中物理中大家所熟悉的例子来探讨宇宙的演化。例如，飞船从地球发射升空，它的地球引力势能是由其质量决定的。飞船动能由其动力火箭的功率所决定。如果飞船安装了中等功率的火箭，这样发射时它不会运动太快，所以它的动能比较小不足以逃逸地球的吸引。结果是飞船上升一段距离后再次回落到地面。从能量的角度说，就是火箭在启动的时候用尽了"昂贵"的动能，以偿付它达到一定高度所具有的势能。如果使用功率大些的火箭，在它在回落地面之前将达到更高的高度。最终我们能找到功率足够大的火箭以支持飞船完全逃离地球引力场。这个临界启动速度一般被称作逃逸速度：高于它，火箭将永远运动下去；而低于它，火箭将会落回地面。

在宇宙学中情况类似，只是临界量不是火箭的速度

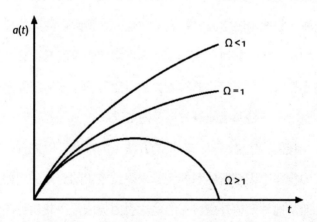

图16 弗里德曼模型。与弯曲的宇宙有多种形式一样，弗里德曼模型随时间演化也有多种形式。如果 Ω 大于1，膨胀最终终止，宇宙将收缩。如果小于1宇宙将永远膨胀。而两者之间 Ω 精确地等于1，就是处于平衡状态的平坦宇宙。

（它至少在理论上可类比于哈勃常数），而是地球的质量（或在宇宙学中是物质密度），因此考虑临界物质密度比临界速度更有用。如果真实的物质密度超过临界密度，宇宙最终将会收缩：引力的能量足以使宇宙膨胀变慢、停止，进而收缩。如果密度低于这个临界值，宇宙将一直膨胀下去，临界密度会非常小。它也取决于H_0值，但只是在每立方米一个氢原子的量级。大多数现代实验物理学家认为如此低密度非常接近于真空。

至此，我们可以引入Ω量：它是宇宙中实际物质密度与临界值的简单比值，而临界值是膨胀和最终收缩的分界线。$\Omega=1$代表这条分界线：$\Omega<1$表示了宇宙在膨胀，$\Omega>1$表明宇宙将来会收缩直到大坍缩。但是不管Ω的精确值是多少，物质的作用总会使宇宙膨胀的速度减慢，所以这些模型都预测了宇宙减速的趋势，我们稍后对此做进一步论述。

但是宇宙膨胀的长期变化不是一个只靠Ω就能解决的问题。这些基于牛顿物理学的简单能量观点的论据并不完整。如第三章所描述的，在爱因斯坦的广义相对论中，物质的总能量密度决定了空间的曲率。一个负曲率的空间导

出 Ω 小于1的模型。负曲率模型是开放的宇宙模型。如果 Ω 大于1则是正曲率模型（封闭的）。在两者之间，Ω 精确地等于1，是经典的所谓"不列颠折衷"宇宙，它处在永远膨胀和最终收缩的中间状态。这种模型具有平坦几何，所有欧几里得理论都可以应用于其中。如果宇宙的形式是上述中最简单的，那我们将如释重负。

Ω 的量决定了宇宙学尺度上的空间几何以及宇宙的最终命运，但需强调的是 Ω 的值在标准的大爆炸模型中是无法预测的。这可能看似是一个相当无用的理论，连围绕 Ω 的基本问题也无法回答，但事实上这样说不公平。如我所解释过的，大爆炸是一个模型而不是一个理论。作为模型，它在数学上以及相对观测而言是自恰的，但它并不完整。这也就意味着 Ω 在某种意义上与哈勃常数 H_0 同样是一个"自由"参数。换言之，大爆炸理论的数学方程描述了宇宙的演化，但是为了进行一个特定运算，需要一系列初始条件作为起点。由于模型的数学基础在最开始时失效，在理论上我们无法确定初始条件。无论 H_0 和 Ω 为任何值，弗里德曼方程都成立，但我们的宇宙的构建是基于这些量的特定数值组合。因此我们可做的就是使用观测数据推出宇宙学参数之间的关系：至少在现有的知识下和大爆炸的标准框架内，还不能单靠理论推导。另一方面，当今宇宙学的观测结果为我们提供了了解非常早期的宇宙的机会。

两个参数的探索

在宇宙学发展早期就已认识到确定宇宙学参数的重要性。事实上，杰出的天文学家阿兰·桑德奇，曾是哈勃的学生，写了一篇题为"宇宙学：两个参数的探索"的文章。20年后，我们仍然不知道这两个参数的值，为了搞清原因，我们必须了解那些能获知关于 Ω 信息的不同类型的观测，以及这些观测产生的结果。这些观测的类型很多，但可归为主要的四类。

第一类是传统的宇宙学测试。这种测试的思想是利用对非常遥远的天体进行观测来测量空间的曲率，或者宇宙膨胀的减速率。这些测试中最简单的方法是比较天体（特别是球状星团中的恒星）的年龄与宇宙学理论预测的年龄，我曾在第四章中讨论过。因为如果宇宙的膨胀不是减速的，预测年龄时对哈勃常数的依赖远大于对 Ω 的依赖，老恒星的年龄在任何情况下都不能很确定，所以这种测试目前不是判断 Ω 值的有效工具。另一类传统的测试是利用非常遥远的源的物理性质来直接探测减速率或宇宙的空间几何。这类技术中某些是哈勃开创的，后由桑德奇发展完善。在20世纪60年代和70年代，他们的声望受损，因为当时不仅认为宇宙在迅速膨胀，也认为宇宙中的物质也在迅速演化。因为测量很小的空间弯曲的几何效应也需要探测很大的距离，我们就必然要观测那些遥远的天体，而这些天体发出的光到达地球之前已经经历了长途跋涉。从时间上看光可能是在非常久远之前发出的。宇宙学观测表明，宇宙演化过程中超过80%的阶段都没有特别之处。我们不能保证所观测的遥远天体的亮度和大小与近邻天体性质相同，因为这些性质可能会随时间发生变化。实际上，传统的宇宙学测试现在主要用在研究性质的演化，而不是测试宇宙的基本情况。但是最近有一个重要的例外，就是利用超新星爆发作为标准烛光，得出的结果似乎证明宇宙并不是减速的。对此在本章的后一部分将更多论述。

下一个类型是基于核合成理论的观点。如我在第五章中所解释的，支持大爆炸理论的主要证据之一是观测和计算的一致性，即观测得到的元素丰度和对早期宇宙核聚变基于计算的预测是一致的。但是这种一致性只有当物质密度非常低的情况下才出现。空间平坦所需的临界密度仅为百分之几。这一点已知多年，乍一看它似乎对我提出的所有问题都给出了非常简单的答案，但是有一个重要的小附加命题。"百分之几"的限制只能应用到能参加核反应的物质上。宇宙可能充满惰性粒子构成的背景物质，这些惰性粒子不会影响轻元素的合成。这些背景物质构成物质的原子核，叫做重子物质，由质子和中子两种基本粒子组成。粒子物理学家认为除了中子外的其他类型的粒子可能产生于早期宇宙的沸腾炉中。其中至少有一些粒子一直存在了下来，可能组成了一部分的暗物质。至少宇宙的一些成分可能包含某些奇异的非重子粒子形式。构成生物的一般物质可能只是宇宙物质中的一小斑点，而宇宙物质的性质还没有被确定。这在哥白尼原理中增加了另一层面：我们不仅不在宇宙的中心，而且是由不同于宇宙中大多数物质的物质所构成。

　　第三类证据是基于天体物理的观点。在这些观点和上述的宇宙学测量之间的差别在于，它们考虑的是单个的物

体而不是物质之间的空间的属性。实际上，人们试图通过逐个测量组成元素的重量来有效地确定宇宙的密度。例

图17　后发星系团。这是富星系团的实例。除了单独恒星（如图中右边的一个），这张照片中的天体都是一个巨团中的星系。这样巨大的星系团相当少但质量极大，是太阳质量的100,000,000,000,000倍。

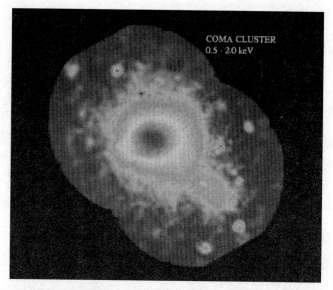

图18　X射线波段的后发星系团。除了前面照片中看到的几百个星系，类
　　　似后发团的星系团也包含非常热的气体，这可以从其X射线波段的
　　　辐射看出。这张照片是ROAST卫星拍摄的。

如，尝试使用星系内部动力学推导出其质量，前提是假设
银盘的旋转是靠引力来维持的，类似于太阳的引力维持着
地球围绕太阳的运动。从地球在轨道上绕太阳运动的速度
来计算太阳质量是可能的，相似的计算可以用到星系：星
系中恒星的轨道速度决定于拉拽它们的星系总质量。这个
原理也可以扩展到星系团，甚至比这个更大的系统。这些
研究绝大多数都指出星系中存在更多的物质，而不是只有

像我们的太阳一样的恒星。这就是著名的暗物质，虽然我们看不到，但通过它的引力效应我们可以知道它的存在。

富星系团——巨大星系团块组成的尺度超过100万光年的系统——也包含着除内部星系外的其他物质。物质的确切数量是不清楚的，但是强有力的证据表明在富星系团中有足够多的物质，说明了Ω肯定至少为0.1，而且可能甚至大于0.3。来自更大结构（尺度为几亿光年的超星系团）的动力学试验性证据表明星系团之间的空间中可能潜藏着更多暗物质。这些动力学证据最近也已经得到检验和证实，验证是通过对星系团产生的引力透镜效应的独立观测，以及对遍及星系团的炽热的X射线发射气体的性质的测量来完成的。如果存在物质的临界密度，星系团中的重子物质的比例相对于星系团的总质量而言，似乎远大于核合成的允许值。这种所谓的重子灾难意味着，总物质密度远比临界值低，或者某些未知过程将星系团中的重子物质集中起来。

最后一类证据线索是基于对宇宙结构起源的尝试性探索：宇宙的成团性及不规则性是如何在宇宙学原理所要求的基本平滑的宇宙内发展形成的。解释它们在大爆炸模型中形成过程的思想在后一章中将详细论述。我相信理解基本原理相对容易，但是细节是难以置信地复杂且倾向于各种不确定性和偏向性。与Ω接近于1的现有数据似乎完全符合的模型能够且已经建立了起来。其他与Ω值远远小于1的数据符合的模型也建立了起来。其复杂程度听上去有点令人沮丧，但这种研究可能是最终成功地确定Ω的关键。如果能够对微波背景的特征进行更加仔细的测量，这些特征的属性将告诉我们物质密度是多少，同时也可确定哈勃常数，绕过了宇宙学距离测量的麻烦。我们只希望卫星能够在将来完成这项工作，MAP（美国航空航天局）和Planck Surveyor（欧空局）卫星将在最近几年内成功发射[1]。最近的气球试验已经证实了其可行性，这些将留到第七章中进一步讨论。

基于对这些证据分析总结，大多数宇宙学家可能认为Ω的值不可能小于0.2。尽管这个值如此之小，却要求宇宙中的大多数物质为暗物质。这也意味着，至少有一些物质不应该以质子和中子（重子）的形式存在，而重子构成

1　MAP卫星已经发射、Planck Surveyor卫星2007年发射。

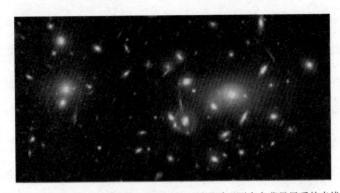

图19 引力透镜。富星系团的重量测量可以通过观测来自背景星系的光线穿过星系团时产生的扭曲来实现。在Abell 2218的例子中，光从背景源聚焦成一个复杂的弧形图案，星系团就像一个巨大的透镜。这些特征揭示了星系团内所含的质量。

了我们日常所熟悉的物质中的主要质量。换句话说，一定存在非重子的暗物质。许多宇宙学家倾向于Ω的值在0.3左右，看上去与大多数观测证据一致。有些人宣称有证据支持密度值接近临界值，所以Ω可以非常接近1。这部分上因为关于暗物质的天文证据越来越多，也因为在理论上认识到在大爆炸的非常高能态下可能产生非重子物质。

宇宙的钢丝绳

由于很难评估观测证据的可靠性和准确性（这些证据有时有冲突），这造成的意见分歧又在一定程度上引发了围绕 Ω 的大争论。倾向于较高 Ω 值（接近于1）的最有力证据是基于理论而不是观测结果。于是人们可能会认为这样的观点应被视为纯粹的偏见而不予考虑，但是它已经成为标准的大爆炸理论谜团不可分割的一部分，得到了宇宙学家们非常认真的对待。

为了理解谜团的本质，可以设想正站在一个密封的屋子外面。屋子里藏着什么东西你并不知道，只看到一扇小门下遮挡的一个小窗。你被告知可以随时打开这扇门，但只能是很短暂地打开一次。你同时被告知房间是空的，除了有一根悬挂在两米高空中的钢丝绳，一个人在过去不确定的某个时间开始在钢丝绳上走。你也知道如果他从钢丝绳上掉下来，他会呆在地板上直到你打开门。如果他掉不下来，就一直会在钢丝绳上走，直到你朝里望的那一刻。

打开门的时候你期望会看到什么？不管是期望看到那个人仍在钢丝绳上还是期望他站在地上，这都取决于你所不知道的信息。如果他是个马戏团的演员，他很可能能够在钢绳上来回连续走几个小时而不会跌落。反之，如果他（和我们大多数人一样）不是这个领域的行家，在钢丝绳上呆的时间就会相对很短。然而有一点很明显，如果他跌落下来，从钢丝绳掉到地面经历的时间会很短。我们很少能从窗口窥视到那个人从钢丝绳掉到地上的瞬间。在了解了这种情况后，当从窗口往屋里看时，期望看到那个人或者在绳上或者在地上是合理的，如果你看到他正在跌落的过程，就会认定怪异的事情正在发生。

这看上去似乎与Ω没有多大关系，但当意识到Ω不是一个不随时间变化的常数，它们的关系就明晰起来。在标准的弗里德曼模型中，Ω以一种非常特殊的方式变化着。在任意接近大爆炸的时刻，这些模型由Ω的值任意接近1来描述。换一种方式解释，我们来看图16。无论在以后的时间会怎样，三条曲线越在开始时越靠越近，特别是，它们都接近"平坦宇宙"的直线。随着时间推移，在早期Ω比1稍大的模型中，Ω的值越来越大，塌缩发生时Ω值已远远大于1。而初期Ω小于1的宇宙模型最终比平坦宇宙模型膨胀得快得多，Ω值逐渐接近于零。有更多证据表明Ω

小于1，因此后一种情况更切题。在这种情况中，从Ω接近于1到Ω接近于零的变化是非常快的。

现在我们来看存在的问题。假设现在Ω的值等于0.3，在宇宙历史的早期，它是接近于1的，且仅比1稍小，事实上相差无几。例如在普朗克时间内（即大爆炸后10^{-43}秒），Ω值仅比1小10^{-60}数量级。随着时间的推移，Ω值一直处于临界状态附近，只是在不远的过去才开始快速远离临界值，在不久的将来将非常接近于零。这就好像我们捕捉到钢丝绳上的行者迅速跌落的瞬间是件非常令人吃惊的事。

这个矛盾就是众所周知的宇宙学平坦性问题，它是由标准大爆炸理论的不完整性引出的，如此大的问题使许多科学家相信需要一个大的解决方案。解决这个谜团的唯一方法似乎是，我们的宇宙必须是一个专业的杂技演员，这是最大可能地扩展这个比喻。很明显Ω不接近于零，因为有强有力的证据证明它的值的下限是在20%左右。这将人站在地上的选项排除了。这说明Ω值一定非常接近于1，且宇宙初期必定发生的某些事情才导致了这个值如此精确。

暴胀和平坦性

上文提到的宇宙初期发生的变化称作宇宙学暴胀，这最初是由阿兰·古斯（Alan Guth）1981年提出的，描述了大爆炸模型的最早期状态。暴胀包括物质性质在极高能态下的一种奇怪变化，这种变化被称为相变。

我们已经讲了关于相变的一个例子。它出现在大爆炸的百万分之一秒的标准模型中，包含了夸克之间的相互作用。在低温时，夸克被限制在强子中，而在高温时，它们形成了夸克－胶子等离子体。在这个过程中发生了一个相变。在许多统一理论中，在更高的温度下，可能会有很多不同的相变发生，标志着宇宙中物质和能量的性质和形式的变化。在特定的环境下，一个相变可能伴随着真空中能量的出现，这种能量叫真空能。如果出现了这个现象，宇宙的膨胀开始比标准弗里德曼模型中的膨胀更加迅速，这就是宇宙暴胀。

在过去的20年中，暴胀对宇宙学理论产生了巨大影响。关于暴胀需着重提出的是，过分膨胀的相（存在非常短）实际上逆转了 Ω 随时间变化的趋势。暴胀开始时，Ω

被强烈地朝1拉动，而不是像上面描述的远离1。暴胀就像一个安全系带，将看上去要从钢丝绳上掉下来的行者拉回绳索上。利用Ω值和空间曲率之间已经建立的联系可以更容易理解这一切是怎么发生的。我们曾提到平坦的空间对应着临界密度，那么Ω值等于1。如果Ω不等于这个神奇的值，空间就可能弯曲了。如果某人拿一个曲度很大的气球，并将它吹到一个巨大的尺寸，大若地球的尺度，那么它的表面就显得很平坦。根据暴胀的宇宙学观点，气球最初远不足1厘米，最后可能膨胀到比整个可观测到的宇宙还大。如果暴胀理论正确，我们应该生活在一个非常平坦的宇宙中。另一方面，即使Ω非常接近于1，那也并不一定证明暴胀发生过。是与量子引力现象可能相关的一些其他机制将我们的宇宙训练得可在钢丝绳上行走。

　　这些理论思想是非常重要的，但是它们无法靠自身解决上述问题。最终，不管理论家愿意与否，我们不得不承认宇宙学是一门以实验为基础的科学，我们可以站在理论的角度去推测Ω是否应该非常接近于1，但是最终起决定作用的是实验结果。

问题焦点

所有问题的焦点是，如果 Ω 远远小于1，目前似乎是这样的，我们是否必须放弃暴胀？并不一定。首先在一些已经建立的暴胀模型中，宇宙是开放的、负弯曲的。许多宇宙学家不喜欢这类模型，因为看上去是相当人为的。更重要的是现在有许多证据表明，Ω 和空间几何之间的联系，并不像以前想象的那么直接。沉寂多年后，我前面提到的传统的宇宙学测试再度兴起。两个国际天文学小组已经开始研究一种特定类型的爆发恒星，即Ia型超新星的性质。

一颗超新星的爆发标志着一个大质量恒星的生命终点。超新星是天文学中最重要的现象之一。它们比太阳亮10亿倍，且它们发出的光能够在几周的时间中照亮整个星系。超新星的观测贯穿了整个有记录的宇宙观测史，在1054年人们观测并记录了一颗超新星爆发，其产生的尘埃和碎块组成了蟹状星云，蟹状星云中有一个快速旋转的、被称之为脉冲星的恒星。伟大的丹麦天文学家第谷·布拉赫在1572年观测了一颗超新星的爆发。在我们的银河系中观测到的最近一次超新星爆发是在1604年，这颗星被命名为开普勒星。按照古代的记录，尽管在银河系中大约平均每1－2个世纪超新星会爆发一次，可是最近400年中还没有观测到。但是1987年在大麦哲伦云星系中爆发了一颗超新星，我们裸眼可以看到。

有两种不同的超新星，标记为类型I和类型II，光谱测量揭示出在II型超新星中含有氢元素，但在I型中是没有的。II型超新星被认为是大质量恒星爆炸后直接产生的，其中恒星的核塌缩成一种残骸，而外部的壳层抛射到空中。这种爆发的最后可能是形成一个中子星或者黑洞。II型超新星可能是不同质量恒星塌缩的结果，所以这些恒星的性质存在着相当大的不同。I型超新星按照它们光谱形状的细节被进一步分成Ia，Ib，Ic。Ia型超新星最值得关注。它们具有非常统一的峰值光度，于是被认为是同类恒星爆发的结果。描述这种爆发的常用模型是，白矮星通过吸积一个伴星获得质量。当白矮星的质量超过一个临界质量——钱德拉塞卡质量（大约是太阳质量的1.4倍），它的外部爆发而中间部分塌缩。由于爆发中所涉及的质量非常接近于临界值，这种天体往往被认为释放等量的能量。它们的规则性意味着，Ia型超新星非常有希望用于测试时－空的曲率和宇宙的减速率。

新技术使天文学家能够在红移约为1的星系中搜索（并发现）Ia型超新星。也就是说当光从超新星到达我们时，宇宙膨胀为光线发出时的2倍。通过比较遥远和近邻超新星观测到的亮度可以估计出它们到底有多远，同时还可以了解光从发出到到达我们的这段时间内宇宙减慢了多少。问题是，如果宇宙变慢，这些超新星将会比它们应该具有的亮度要暗。这说明宇宙根本没有减速而是加速的。

这类观测给了基于弗里德曼方程的标准宇宙学描述致命一击。所有弗里德曼模型都是减速模型。即使是弗里德曼系列中的低Ω模型也不应该是加速的，虽然低密度使得它减速很不明显。暴胀理论所选择的临近密度模型也应该是大减速的。这到底出了什么错？

爱因斯坦的最大困惑

前面提到的对超新星的观测仍然是有争议的，但它们表明宇宙学理论似乎需要进行大的改变。而另一方面我们有修正这个错误的现成方法，这个方法正是爱因斯坦提出的。第三章中提到，爱因斯坦通过引入宇宙学常数来修改他最初的引力理论。这样做的理由是他想要建立一套描述静态（即不膨胀的）宇宙的理论，尽管后来他对这样做表示了后悔。他的宇宙学常数改变了引力定律以阻止宇宙膨胀或收缩。在现代宇宙学理论中，可以引入宇宙常数使引力在大尺度上表现为排斥。如果这样做的话，引起加速膨胀的宇宙斥力将超过造成宇宙减速的物质间的引力。

这种解决方案首先要求人们承认宇宙学常数不是一个坏想法。现代理论也提供给我们一个新解释。在爱因斯坦的原创性理论中，宇宙学常数出现在描述了引力和时－空曲率的数学方程中。它是引力定律的修正。爱因斯坦可简捷地在方程的一侧加进宇宙常数这个项，由于这个方程是描写空时弯曲的几何性质（方程左侧）和物质能量动量分布（方程右侧）的关系，所以这个"声名不佳"的宇宙学常数具有真空能量密度的意义。真空具有能量听上去很奇怪，但是在本章前面我们已经涉及到了，它是引起暴胀所必需的。

在宇宙暴胀理论的早期版本中，原始相变释放的真空能在超爆结束后将消失。但是很可能现在仍存在少量的这种能量，正是这种能量使得引力是推而不是拉。这种真空能可能会引起宇宙加速的思想也可以使暴胀理论与 Ω 可能远小于1（如果空间平坦，Ω 必为1）的证据一致起来。真空能使引力排斥而不是吸引，这虽然有悖常理，但是它至少能以与普通物质相同的方式来弯曲空间。如果我们的宇宙既有物质又有真空能，就拥有了一个平坦的空间而无需考虑弗里德曼模型要求的减速。

　　无论是否存在真空能，也无论 Ω 的值有多精确，我们仍然不能肯定地知道宇宙膨胀是否是加速的。但是这些思想最近几年已经在理论和实验方面都引起了强烈的反响。新一代的测量出现了，如果成功，将能回答前面的所有问题。对此将在下一章进行讲述。

第七章

宇宙的结构

星系是宇宙的基本组成单元，但是它们不是我们能够看见的最大结构。它们不是孤立的，而是像人类一样组合在一起。用于描述星系在宇宙学距离上分布的术语叫做**大尺度结构**。这种结构的起源是现代宇宙学的热点问题之一，但解释它为什么成为热点之前，首先需要描述该结构到底是什么。

空间的图案

大尺度上的物质分布一般是通过光谱巡天确定的，利用哈勃定律通过红移估计星系的距离。在那些红移巡天付诸实施的许多年以前，就已知结构的存在。天空中星系的分布是高度不均匀的，这可以在第一个大规模、系统的

图20　仙女座大星云。仙女座是距离银河系最近的大型漩涡星系的很好例
子。并不是所有的星系都是漩涡状的；例如后发富团中所包含的主
要是没有旋臂的椭圆星系。

星系位置探测中看出，而这个探测的结果形成了Lick（里
克）星系分布图。尽管这张图确实令人印象深刻，但是没
有人能够肯定所看到的结构是否是真正的物理结构或仅仅
是偶然的投影效果。尽管我们可以辨识出星座，但是它们
之间的物理联系还是无法获知。星座中的恒星距离太阳的
远近大不相同。由于这个原因，宇宙结构探测主要依赖红
移巡天。

　　这种方法的一个著名例子是哈佛－史密森天体物理中
心（CFA）的巡天，它的第一批结果发表于1986年。这是

一个在很窄一条天区范围的1061个星系的红移调查，是从1961年发表的帕洛玛巡天中选择的源。这个巡天项目随后由同一小组扩展到更多的天区。上世纪90年代前红移巡天进展缓慢，且耗费人力，因为需要将望远镜轮流指向每个星系，拍摄一条光谱，计算红移，然后移到下一个星系。

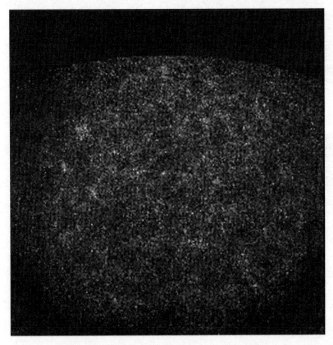

图21　Lick（里克）星系分布图。这幅图是通过肉眼非常仔细地在巡天底片上计数得到的，里克星系分布图显示了天空中大约100万个星系的分布。丝状的图案和团块是非常显著的；中心附近的稠密团块是后发星系团。

要获得几千个红移需要花费数月的望远镜观测时间，由于对资源的竞争，这一般要几年才能完成。最近发明的宽视场望远镜上的光纤设备已经让天文学家能在望远镜同一指向上捕获400条光谱。在最新一代红移巡天项目中有一个被称作2度视场巡天（2dF），由英国和澳大利亚使用英澳天文台的望远镜来执行。最终将确定250,000个星系的位置[1]。

一般用来描述多个星系的物理聚集的术语是**星系团**。星系团系统的尺度和成员星系的数目可以有很大的不同。例如，我们的银河系是一个所谓**本星系团**的成员星系，它是一个相当小的星系团，成员中最大的是仙女座星系（M31）。而另一个例子是所谓的**富星系团**，如所知的**阿贝尔团**，在一个仅仅几百万光年的范围内可能包含了几百甚至几千个星系：距我们较近的是著名的室女团和后发团。在这一大一小两极之间星系在密度各异的系统中呈无规则（或按等级）分布。最稠密的阿贝尔团是通过自身的引力

1　本文提到的能够同时得到400条光谱的望远镜是澳大利亚的英澳天文台的2dF巡天项目的望远镜，而中国自行开发的LAMOST望远镜可以同时观测到4,000条光谱，计划得到总计10,000,000个星系的光谱。

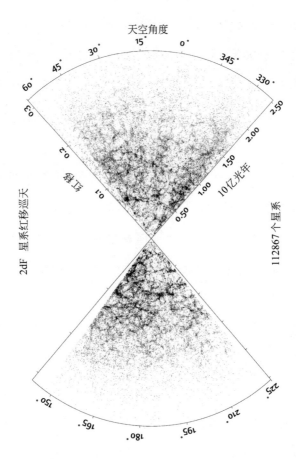

图22 2dF 星系红移巡天。这个巡天仍在进行中，计划测量大约250,000个星系的红移。尽管部分巡天还未完成（译者注：目前已完成），造成图中缺一些区片，我们仍可以看到数十亿光年的复杂的天体结构网。

平衡而聚集在一起的收缩的天体。欠丰富的和空间较大的系统可能不是靠这种方式组合的，但可简单反映一种星系成团的一般统计趋势。

单个的星系团仍不是能看到的最大结构。尺度大于约3000万光年的星系分布也显示出相当的复杂性。最近的观测显示，星系并不是简单的，如阿贝尔团那样以类球形的"泡"分布的；有时也以扩展的类线形结构分布，这种称作丝状分布；或者以平坦的薄片状结构分布如"长城"。这是大致的二维星系聚集，1988年由哈佛－史密森天体物理中心的天文学家发现的"长城"的尺度至少是2亿光年乘6亿光年，但是厚度不足2000万光年。它包含数千星系且质量至少是10^{16}个太阳质量。富团聚集成巨大松散的团块叫做超团。我们知道的许多超团都分别包含了10个到50多个富团。最著名的超团是**沙普利超星系团**，而距离我们最近的是围绕上述室女团的本超星系团，即本星系群运动平面上的平坦结构。超团的尺度已知是3亿光年，包含了大概10^{17}个太阳质量的物质。

这些结构还伴有巨大的，几乎是空的区域，大多数大致呈球状。这些"空洞"包含的星系数目远小于平均值，或者其中干脆没有任何星系。在大尺度红移巡天中检测到不足平均密度10％，尺度达到2亿光年的空洞。若在非常大的尺度上存在星系团和超团，则存在这样大的空洞并不奇怪，因为有大于平均密度的区域就要有小于平均密度的区域。

当观看大尺度结构图时，人们的印象是一个巨大的宇宙"网"，是交错的链和片的复杂网络。但这样的复杂性是怎样出现的呢？大爆炸模型是建立在宇宙是均匀平滑的基础上的，也就是说要求宇宙遵循宇宙学原理。幸运的是，当尺度大于宇宙网时，复杂的结构逐渐消失。这点也被宇宙微波背景的观测结果所证实，微波背景来自宇宙早期，到达我们时大约已经旅行了150亿光年。宇宙微波背景在天空中几乎是均匀的，基本符合宇宙学原理，但并不完全符合。

结构的形成

1992年，COBE卫星配置了灵敏的探测器，目标是探测并绘出天空中微波背景的温度变化。1965年发现的微波背景在空中似乎是各向同性的。后来发现温度在整个空中大尺度上有千分之一的变化。现在知道这是由地球经过大爆炸遗留的辐射场时引起的多普勒效应。地球前进方向的天空看上去比地球离开的方向稍热一点。除了这种"偶极"变化，辐射在各个方向上是相等的。但是理论家们长期以来对微波背景中存在结构——冷斑点和热斑点的波纹图案表示怀疑。COBE发现的图案正是这样，成为了全球报纸的头条。

为什么微波背景不是完全平滑的呢？答案与大尺度结构的起源密切相连，又是引力在其中起了作用。

弗里德曼模型为我们了解宇宙的大量性质是怎样随时间变化的提供了途径。但这个模型又是不现实的，因为它描述的是一个理想的、完全平滑而没有瑕疵的宇宙。这样的宇宙开始时就完美无瑕而且将永远保持完美。但在现实的情况下总有缺憾。有些区域的密度值比平均值稍高，而有些较稀薄。一个略呈团状的宇宙会怎样？答案离理想情况有很大的不同。密度高于平均值的宇宙区域对周围物质的引力拉拽强于平均拉拽，因此将吸入物质而耗尽周围的物质。在这个过程中，它相对于平均值密度越来越大，拉拽也更强。结果是一种团块的失控增长叫做"引力不稳定性"。最终形成了束缚强烈的团块并开始聚集成丝状和片状，就像在宇宙结构图中看到的那样。开始这个过程只需要非常小的波动，而引力就像一个功率放大器，将最初的微小的波纹转变成巨大的密度波动。利用星系巡天可以绘出最终结果；而在COBE图上可以看到最初的微小扰动。我们甚至可以对最初的扰动是怎样留下烙印的作出很好的理论解释，是宇宙暴胀产生了量子波动。

关于结构形成的基本理论已出现了多年，但是由于引力的复杂特性很难将这种理论转变成详细的预测计算。在

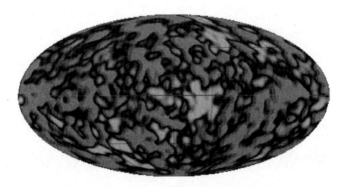

图23　COBE探测的宇宙背景波纹。1992年宇宙微波背景探测器（COBE）卫星测出天空中宇宙微波背景温度的十万分之一的微小波动。这些"波纹"被认为是形成星系和大尺度结构的"种子"。

第三章提到，如果没有简化的对称性，即使牛顿运动学定律方程也是非常难解的。在引力不稳定的后期，没有类似的简化。宇宙中的每个物体都对其他物体有引力拉拽；因此需要了解在每一个地方和每一个物体上的所有作用力。所有的这些力之和是很难用纸笔来解的。

在上世纪80年代随着巨型计算机的出现，这一领域获得了加速发展。引力可以形成宇宙结构，这一点已非常明确，但需要宇宙中有足够的质量才能有效地完成这个工作。因为基本核合成理论只允许相对少量的"普通"物质。理论家们假设宇宙是由某种奇怪的暗物质主宰的，它们没有参加核反应。模拟显示这种物质最好是"冷"的暗物质。如果暗物质是"热"的，则它们运动太快而无法形成合适尺度的团块。

计算机出现后的许多年后，一个自下而上的宇宙结构模型最终出现了。在这个模型中，首先是暗物质的小团块形成，这些作为基本单元的小团块结合成更大的单元，然后以这种方式继续下去，最终星系尺度大小的物体形成了。而后气体（由重子物质构成）聚集，恒星形成，于是有了星系。星系继续通过链式和片式聚集形成更大尺度的

图24　哈勃深场。这是将哈勃空间望远镜指向一个空白的天区拍摄的，这幅图像显示了遥远的大量暗星系。其中一些天体的距离非常远，发出的光需要花超过90％的宇宙年龄那么长的时间才能到达我们。正因为如此我们能够看到星系的演化。

结构。在这个模型中，结构随时间（或者说随红移）快速演化。

　　冷暗物质的观点已获得很大成功，但还远不完善。现在还不知道有多少暗物质，也不知道它们的形式。星系形

成的细节问题也未解决，这是因为与气体运动和恒星形成
有关的流体动力学和辐射过程比较复杂，但是这个领域的
工作现在不只限于理论研究和模拟实验。观测技术的突
破，如哈勃空间望远镜的研制成功，使我们现在能够看到
高红移的星系，因而可精确地研究它们的性质和空间分布
如何随时间变化。利用下一代大型红移巡天，我们将获得
大量关于星系在空间移动轨迹的细节信息，同时也可获得
宇宙有多少暗物质以及星系究竟是怎样形成的等线索。但
是问题最终的解决方案，可能不是来自对引力不稳定性过
程的最终产物的观测，而且来自对其最初状态的观测。

造物的声音

COBE卫星在结构形成方面是非常先进的，但是这个
仪器还是有许多局限性。COBE最显著的缺点是缺少分辨
微波背景中波纹的细微结构的能力。COBE的角分辨率只
有10度左右，按照天文标准这是非常低的。作为比较，满
月的直径约半度。宇宙学家希望在微波天空中的精细结构
里找到许多亟待解决的问题的答案。

　　早期宇宙的波纹是由一种声波产生的。当宇宙还是非常热，温度在几千度的时候，声音在宇宙中回响。现在的太阳表面具有类似的温度且以相似的方式震动。由于

z=3　　　　　　　　　z=2

z=1　　　　　　　　　z=0

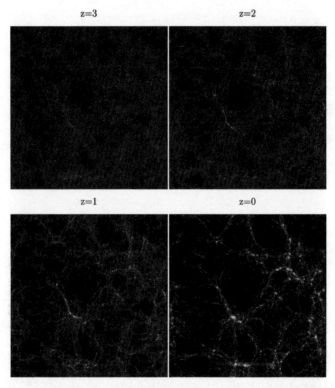

图25　结构形成的模拟。从几乎是平滑的初始环境开始，现代超级计算机可以模拟宇宙随时间向前演化。在室女座论坛中的这个例子中，我们可以看到当宇宙膨胀到原来的4倍时出现成团现象。在最后一帧图上稠密的节点是星系和星系团，而丝状结构让我们想到星系巡天的探测结果。

COBE的比较低的分辨率，它只能探测到波长非常长的波纹。这些波纹代表了音调很低的声波，是造物的低音符。在这些声波中包含的信息非常重要但十分不详细；它们的声音相当沉闷。

另一方面，宇宙也应产生更高音调的声音，而这更加有趣。声波是以特定的速度传播，例如在空气中大约是每秒300米。在早期的宇宙，声速应该快很多，接近光速。

图26　BOOMERANG气球。这张照片显示了在南极施放的气球上做的实验。实验有效载荷位于右侧的车上。这个气球的飞行线路围绕着南极，利用循环风回到施放点附近。南极非常干燥，使其成为地球上微波背景实验的最佳地点，当然如果条件允许，在太空中实验则更理想。

在微波背景产生的时代，宇宙的大约年龄为300,000岁。从大爆炸时声波首次被激发到宇宙微波背景产生的这段时间，声波只传播了约300,000光年。这个波长的震动产生了特殊的"音符"，如同某个乐器的基调。并非巧合，星系超团大约也是这个尺度；它们正是产生于这个宇宙号角的回响中。

早期宇宙的特征波长应该在微波天空的热点和冷点的图案中显现，但是因为波长相当短，它比COBE能分辨的尺度精细很多。事实上，这些声波产生的点的角尺度大约为一度。因此，从COBE开始，开始了研发探测仪器的竞赛，仪器不仅要能探测宇宙的基本音调也要能探测到更高的和声。通过对造物声音进行详细的分析，希望能回答当代宇宙学面临的许多主要问题。声谱所含的信息包括：宇宙含有多少质量，是否存在宇宙学常数，哈勃常数的值是多少，空间是否是弯曲的，以及是否发生过暴胀。

国际上有两项主要的相关实验，美国国家航空和航天局的MAP试验飞船已于2001年发射而欧空局的"普朗克测量者"预计在几年后发射，它们会绘出极高分辨率的天空波纹的详细图案。如果对这些结构的解释是正确的，我们不久将会对上述问题有确定的答案，我们迫切地期待这一天的到来。

同时，相关线索也强有力地暗示了答案将如何揭晓。两项重要的气球试验，BOOMERANG和MAXIMA已经绘出了小片天空图，只比MAP和"普朗克测量者"的分辨率稍微低一点。这些实验还没有给出确定的答案，但是它们指出宇宙的几何是平坦的。这很容易论证。我们知道声音的特征波长具有可测量的特性。我们也知道这些被观测的声波有多远（大约150亿光年）。因此，如果宇宙是平坦的，我们能够推算出这个声波在天空中的角度。如果宇宙是开放的，这个角度会比平坦宇宙中的小；如果宇宙是封闭的，这个角度会大些。而实验结果暗示了宇宙的平坦性。实验的测量结果与前些章讲的加速膨胀都为宇宙学常数的合理性提供了强有力的证据。确定宇宙是平坦的并且在加速的唯一途径是弄清真空能是否存在。

宇宙结构研究揭示的画面似乎与前面讲过的其他线索是一致的，但是我们仍不知道宇宙如何演化成了现在的样子。解答这个深层次的难题依赖于更加深入地理解物质、空间和时间的性质。下一章将对这些性质进行探讨。

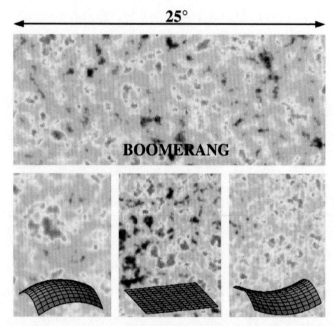

图27　平坦的空间。上方的图显示了BOOMERANG所测量的温度波动的精细尺度图形。下面的模拟图案显示了在封闭的、平坦的和开放的宇宙中所估计的这些波动的角度尺度。最匹配的是平坦宇宙（中图）。如此强烈的对比进一步推动未来的MAP和普朗克测量者以同样的分辨率绘制整个天空的图形。

第八章

统一理论

现代物理学的纪元始于20世纪初发生的两场革命。一是相对论引发的革命，它在20世纪宇宙学的发展中起了主要作用；另一场巨变是量子力学的诞生。但相比而言，量子物理学对宇宙学的意义至今还不清楚。

量子的世界

在量子理论的世界里，每个实体都有双重性质。传统的物理学使用两个不同的概念来描述不同的自然现象，它们是波和粒子。量子物理学告诉我们这两个概念在微观世界中并不是毫无联系。我们曾经认为是粒子的物质有时可能表现出波的性质，曾认为是波的现象可能有时表现出粒子的性质。光像是一种波。我们可以用棱镜和透镜产生干涉和衍射效应。麦克斯韦给出一个方程对光进行数学描述，这个方程被称为波动方程：光的波动性质可以通过这个理论来预测。另一方面，普朗克的热物体辐射研究显示，光也表现出被称作"量子"的类似离散包的特性。他犹豫地称这些量子可能为粒子。实际上是爱因斯坦在他获得诺贝尔奖的光电效应理论中，正式提出光其实是由粒子构成的。这些粒子后来被称为"光子"。但是物质怎么能既是波又是粒子呢？我们必须承认，这两个概念中的任意一个都无法对我们的现实世界进行确切的描述，它有时像波有时像粒子。

我们来打个比方，一个中世纪的修道士在完成第一次非洲之旅后回到修道院。在旅途中他遇到一只犀牛，他要把这件事讲给他那些心存疑惑的修士弟兄们听。由于他们中间没有一个人亲眼见过像犀牛这样的奇异动物，他必须用比喻来解释。他说犀牛在某些方面像一条龙而在另一些方面像独角兽。于是修士们就可想象出这种动物的相貌。但是龙或独角兽在自然界都不存在，而犀牛却是存在的。这与我们的量子世界相似：现实世界既不是由理想化的波也不是由理想化的粒子描述的，但是这些概念可以让我们了解物质的某些具体特征。

尼尔斯·玻尔（Niels Bohr）于1913年成功地将能量是以离散包（即量子）形式存在的思想运用到描述所有原子中最简单的氢原子，以及原子物理和核物理的其他方面。原子和分子中离散能级的存在是光谱研究的基础，而光谱被应用到天体物理以及法医学等多个领域，它对哈勃发现星系退行起了关键作用。

不确定的宇宙

对能量（以及光）量子化特性的认知只是现代量子力学革命的开端。但直到20世纪20年代，薛定谔（Schrödinger）和海森堡（Heisenberg）的研究工作才最终阐明了光的波粒二相性。在这之前的那些年中，光子虽然被认为是存在的，但是无法将其与光的波动性协调起来。20世纪20年代建立在波动力学上的量子物理理论出现了。在薛定谔的量子理论中，所有系统的特性都用一个波函数（常称为 ψ）来描述，ψ 随着一个方程演化，这个方程被称为薛定谔方程。波函数 ψ 依赖于时间和空间。薛定谔方程描述了波在时间和空间的波动。

但光的粒子性又是怎样的呢？答案是量子波函数不能描述电磁波一类的波，这类波被认为是存在于空间某一点随时间波动的物理实体。量子波函数描述的是一种"概率波"。量子理论认为，在整个体系中唯一已知的是波函数：在特定的时刻我们不能确切地知道粒子的位置，而仅能推断其出现在某个位置的概率。

波粒二相性的一个重要方面是测不准原理。在物理学中有许多地方都会用到它，但是最简单的应用是关于粒子的位置和速度。海森堡的测不准原理称我们不能知道彼此独立的某个粒子的位置和速度。位置知道得越清楚，对速度就越不了解，反之亦然。如果能确切地知道其位置，则其速度就完全不可知了。如果精确地知道它的速度，该粒子就无法定位。这个原理是定量的，不仅适用于位置和动量，也适用于能量和时间以及其他的共轭变量对。

真空可以产生短暂存在的粒子，这些粒子在不确定性原理控制的时标上时而存在，时而消失，这是能量－时间不确定性原理的重要结果。这就是粒子物理学家期望真空拥有能量的原因。换言之，应该有一个宇宙学常数。唯一的问题是不知道怎样计算它。目前对它的最好假设也太大，超过100阶的量级。但是宇宙不确定性的思想已经取得了非常显著的成功；它被认为是小的原始密度扰动存在的原因，这些扰动正是宇宙结构形成的开始。

根据牛顿物理学，宇宙的运动是确定的，如果在一个给定的时间，我们知道一个系统中所有粒子的位置和速度，我们就能预测这些粒子在后续时间的表现。在量子力学中这一切都变了，因为粒子行为的不可预测性原则是量子力学理论的基本组成部分，所有的推导都需要借助于概率的计算。

对这种概率方法的解释引起了相当大的争论。例如，在一个系统中一束粒子射向两个相邻的狭缝。因为"概率波"穿过两个狭缝，对应这种情况的波函数ψ显示了一个干涉图案。如果粒子束功率足够大，它所含的光子数目也很大。统计上讲，光子应该按照波函数规定的概率落在狭缝后面的屏幕上。由于狭缝造成了一个干涉图案，屏幕将显示出复杂的亮暗带，波的相位有时叠加，有时抵消。这是似乎是合理的，假设我们降低粒子束的功率，可以在任意时刻只让一个光子通过狭缝。每个光子的到达都可以在屏幕上检测到。在足够长的时间内做这个实验，在屏幕上就得到一个图案。尽管每次只有一个光子穿过这套装置，屏幕仍会显示干涉条纹的图案。在某种意义上，每个光子必须在离开光源的时候变成波，穿过两个狭缝发生干涉，然后又变回光子，停留在屏幕上一个确定的位子。

那么这是怎么回事呢？很明显，每个光子都停在了屏幕的一个特定位置。此时我们知道光子的位置是确定的。这个粒子的波函数在此刻做了什么呢？按照所谓的哥本哈根解释，波函数收缩并集中到一个点。不管何时做这个实验，这种情况都会发生，而且可得到确定的结果。但是在结果出现之前性质是不确定的：光子确实不知道要通过哪个狭缝，它处于一个"混合"状态。测量活动改变了波函数，也因此改变了现实。这使许多人开始揣测我们的意识和量子"现实"之间的相互作用。是意识引起了波函数收缩吗？

"薛定谔的猫"佯谬对这个难题作了著名阐述。想象在一个封闭的房间里有一只猫，房间里还有一瓶毒药。瓶子安在一个设备上，当量子事件出现时，如一堆放射性物质发射一个 α 粒子，该设备会将瓶子打碎而毒死猫。如果瓶子碎了，猫立即就会死去。大多数人会认为在一特定的时刻猫或者活着，或者死去。如果严格地按照哥本哈根的解释，猫在某种程度上同时处在这两种状态：猫的波函数将两种状态重叠。只有当房间打开且猫的状态被"测量"，猫才"变成"活的或者死的。

另一种解释是，在测量进行的时候没有产生任何物理变化，只是观测者知识状态发生了改变。如果断言波函数 ψ 代表观测者的知识的而不是真实的现实，当已知粒子处在确定的状态时，改变波函数则是没有问题的。这种观点代表了量子力学的一种解释，在某级状态下事物是可以确定的，我们只是没有足够的知识去预测。

还有一种观点是多世界解释[1]。它认为在实验进行的每个时刻（即一个光子穿过狭缝装置的每个时刻）原来的世界变成两个：在一个宇宙中光子穿过左边的狭缝，而在另一宇宙中光子穿过右边的狭缝。如果每个光子都是这样，实验结束会有大量平行的宇宙。在整套实验中包含了所有可能实验产生的所有可能的结果。在讨论平行宇宙之前，

1　多世界解释也叫平行世界理论。

让我们重新回顾一下这个故事的线索。

缺失的联系

在第五章中讲了基本相互作用的标准模型。它包含的三种力都可以由量子理论来描述。第四种基本作用是引力，已经证明很难将它纳入一个统一的相互作用模型中。第一步是将量子物理并入引力理论合成量子引力理论。尽管人们在不断努力，还是无法做到。如果这步实现了，下一步就是用统一的粒子相互作用理论来统一量子引力。

具有讽刺意味的是，开创现代理论物理纪元的广义相对论成为了阻止进一步将自然界所有力纳入统一理论的羁绊。在许多情况下引力极其弱。大多数物体是通过原子间的电磁力组合在一起，这种电磁力比物体之间的引力强多个数量级。但尽管引力比较弱，它具有令人迷惑的特性，似乎抗拒着被纳入统一的量子理论中。

爱因斯坦的广义相对论是一个经典理论。同样，麦克斯韦的电磁学方程也是经典的。它们所涉及到的实体是均匀的而不是离散的，描述的是物质的确定性而不是概率。

另一方面，量子物理学描述了基本的团块性质：物体由离散的块或量子组成。同样，如果掌握过去某时的足够信息，广义相对论方程使我们能够计算宇宙在未来特定时间

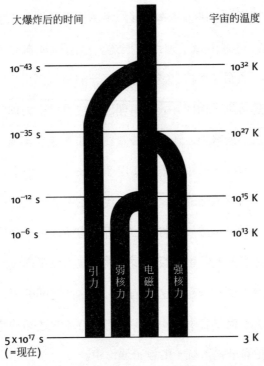

图28　统一理论。我们所知的低能世界的四种自然力被认为在高能时密不可分地结合在一起。将时钟拨回到大爆炸，我们首先会期望电磁力和弱相互作用统一成一种弱电力。在稍高一些的能态，弱电力与强核力统一于大一统理论中。在更高的能态，引力也将加入，形成一个万物统一理论。如果这样的理论存在，它将能够对大爆炸作出描述。

的确切状态，因此它们是确定性的，而量子世界充满海森堡测不准原理体现的不确定性。

当然，传统的电磁理论在许多情况下是完全适用的，但是对于某些情况，该理论就不适用了，如辐射场相当强的情况。为此，物理学家们寻找（并最终发现）电磁学的量子理论，或者叫量子电动力学（QED）。这套理论也与狭义相对论是一致的，但不包括广义相对论效应。

爱因斯坦的方程对大多数情况的描述是准确的，我们自然希望能建立引力的量子理论。爱因斯坦自己总认为，在这个意义上他的理论并不完整，而需要更加完整的理论取代它。以经典的电磁学的失效来比拟，人们认为当引力场非常强或者长度非常短的时候爱因斯坦方程也会失效。建立这种理论的努力至今还未成功。

虽然还不清楚引力的量子理论应该包含什么，但已经有了一些有趣的推测。例如，由于广义相对论基本上是一个时－空的理论，空间和时间自身在量子引力理论中应该量子化。这表明尽管空间和时间在我们看来是连续和平滑的，但在极小尺度的普朗克长度（大约10^{-33}厘米）上，空间更多呈复杂的块状结构，可能是水泡样的泡沫结构，且由被称为虫洞的管道相连，这些虫洞在普朗克时间（10^{-43}秒）内不断形成并关闭。我们有理由设想，量子化的引力波（或者称之为引力子）在其他基本的相互作用中可能扮演了规范玻色子的角色，例如量子电动力学中的光子。但是直到目前为止，还没有确切的证据表明这种思想的正确性。

量子引力中微小的长度和时间尺度表明了为什么量子引力是属于理论家而不是实验科学家的领域。还没有造出任何设备，能够迫使粒子进入普朗克数量级或更小的长度区域。揭示引力的量子特性这一任务需要巨大能量。这就是为什么如此多理论家从粒子实验转向宇宙学的原因。大爆炸必须涉及普朗克尺度上的现象，所以从宇宙学中获得基础物理知识在理论上是可能的。

时间的开始

宇宙形成之初奇点的存在对大爆炸模型来说是个坏消息。它类似于黑洞奇点，是一个真实的奇点，温度和密度是无限的。在这个意义上大爆炸可以被认为是形成黑洞的引力塌缩的一种时间反演。许多物理学家认为，按照史瓦西解，宇宙学初始奇点可能是应用于大爆炸模型的爱因斯坦方程的特殊解的结果，但是现在知道事实并非如此。霍金和彭罗斯总结了彭罗斯的原始黑洞理论，显示出奇点一直不变地存在于一个满足最普遍条件的膨胀的宇宙中，物理理论在大爆炸的时刻完全失效，而令人反感的"无限"此时出现了。

有可能避开这个奇点吗？如果可能，怎么做？宇宙学初始奇点可能只是经典广义相对论推演到该理论失效处的一个结果。这是第三章中讨论黑洞的时候引用爱因斯坦的一段话。量子引力是需要的，但是没有这样的理论，而且正因为没有，我们也不知道它是否能解决宇宙的明显不合理的诞生之谜。

但还是有办法避开经典广义相对论中的初始奇点而不需要求助于量子效应。首先，可以通过提出一个不遵守霍金和彭罗斯所列条件的早期宇宙的物质状态方程来避开奇点。这些条件中最重要的是对高能态物质的一个限制，称之为**强能量条件**。这个条件可能被以多种方式违反，特别是在宇宙暴胀理论所预测的宇宙加速膨胀的过程中。在这

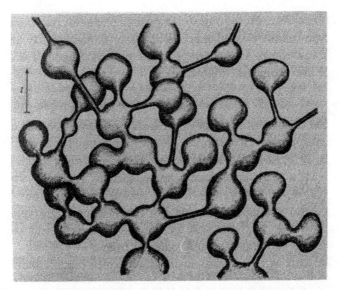

图29　时－空泡沫。与量子引力相关的思想之一，认为时－空自身会变成大量沸腾的泡沫和管道，在普朗克时标上出现和消失。

个条件一开始即被违反的模型中，可以有一个"反弹"，而不是一个奇点。将时钟拨回，宇宙的尺度会缩为最小，然后再次膨胀。

　　奇点是否可以避开仍是一个未解决的问题，而且是否能够描述出普朗克时间之前大爆炸的最早的状态也仍不清楚，至少在完善的量子引力理论建立之前这些都无法解决。

时间之方向

宇宙形成之初奇点的存在使人们对造物时刻的空间、特别是时间的性质产生了疑问。此时给出对时间的清晰定义是有益的。每个人都熟悉时间是什么，以及事件是怎样按照先后顺序排列的，我们习惯于用因果关系来描述紧跟在某些事件后面的事件。但这些只是简单的概念，我们无法深入下去。那么对时间是什么的最佳论述则是：由钟表来测量的某种事物。

爱因斯坦的相对论有效地动摇了牛顿的绝对空间和绝对时间的概念基础。牛顿认为，空间是三维的，时间是一维的，它们是绝对的，不随粒子或实验者的运动而变化，相对论物理学把时空组合成一个四维的实体，叫做时－空。在许多情况下，这个理论中的时间和空间在数学上被认为是等价的：对相同的两个事件之间的时间间隔，不同的观测者往往会测出不同的结果，但是四维的时－空间隔总是相等的。

但是爱因斯坦理论上的突破性成功往往会掩盖来自日常经验的这样一个事实：时间和空间本质上不同。我们可以去南方或北方，东方或西方旅行，但在时间上我们只能走向未来，不可能后退到过去。伦敦和纽约在同一时刻处于不同的空间位置，对此我们没有什么疑问。但没有人会说在5001年仍和现在的情况一样。我们也会说，现在我们做的会引发未来的一些事件，但是不会考虑同时发生于两个不同地点的事件间的因果关系。空间和时间真是非常不同。

在宇宙学中，大爆炸很显然具有特定的方向。但是描述它的方程在时间上是对称的。我们的宇宙正在膨胀，而不是收缩，但它可能收缩并用相同的定律描述。我们观察到的时间的方向性是否可能是因宇宙的大尺度膨胀而凸现出来的呢？霍金等人思考过，如果我们生活在一个封闭的宇宙，它最终停止膨胀而开始收缩，在收缩的过程中时间可以有效地后退。事实上，如果这种情况发生，我们就无法判断时间倒退的收缩宇宙和时间前进的膨胀宇宙的区别了。霍金曾一度确信情况只能如此，但后来改变了想法。

爱因斯坦的四维理论引出了一个更抽象的问题：描绘

一个粒子在时－空中运动的整个历史的完整"世界线"[1]，可以通过理论计算得出。处于不同时刻的一个粒子与处于同一时刻、不同位置的两个粒子以同样方式存在。这与我们通常的想法是如此地不一致。难道我们未来已经存在了吗？所有事情都以这种方式注定了吗？

这些问题并不只限于相对论和宇宙学。许多物理理论在过去和未来之间是对称的，如同它们在不同空间位置中的对称。时间明显的非对称性怎样与这些理论调和的问题是一个艰深的哲学难题。至少还有两类物理理论提出了这个有时被称为**时间之方向**的问题。

一个理论是直接来自于一个看似全能的物理原理，叫做热力学第二定律。它规定了在一个封闭的系统中熵是不会减少的。熵是对系统的无序的度量，所以这个定律意味着一个系统的无序程度趋向于增加。我已经通过对我的办公室进行周期性观察试验性地对该定律进行了多次验证。第二定律是一种宏观的描述；它涉及蒸汽引擎那样的大问题，但却来源于物理理论对原子和能量状态的细致的微观

---

1 由于一个粒子在任何时刻只能处于一个特定的位置，它的全部"历史"在这个四维空间中是一条连续的曲线，这就是所谓的"世界线"。

描述。规定这些微观状态的定律在时间上是完全可逆的。那时间之方向性是怎么出现的?

类似于经典的热力学定律,对黑洞和引力场特性进行一般描述的一套定律也已建立。尽管与引力场相关的熵是很难定义的,这些定律似乎指出,甚至在一个收缩的宇宙,时间都是有方向性的。正是这个原因使霍金放弃了他的时间反转思想。

另一个时间之方向问题来自量子力学,它也是时间对称的,但当一个实验进行时,奇怪的现象如波函数的收缩出现了。波函数似乎只在一个时间方向上收缩,而在另一个方向上不收缩,正如上面所暗示的,这可能是解释量子力学时的一个概念性难题。

无边界的假设

空间和时间对我们来说非常不同,我们生活在远离大爆炸的低能世界里。但这意味着时间和空间一直是不同的吗?或者在引力量子理论中它们真的相同吗?在经典的相对论中,时－空是一个四维构造,三维的空间和一维的时间融合在一起。但是空间和时间不等价。由霍金和吉姆·哈特尔共同提出的一个与量子宇宙学相关的思想指出，当引力场非常强的时候，时间的这种独特性可以抹去。这个思想基于对虚数性质的巧妙运用（虚数是负1的平方根i的倍数）。这种对时间性质的修补是哈特尔和霍金的量子宇宙学**无边界**假设的一部分，在他们的理论中，由于时间失去了区别于空间的特殊性，时间起点的概念就变得毫无意义。这样的时－空是没有边界的。因为没有时间，也就没有大爆炸，没有奇点，有的只是空间的另一个方向。

大爆炸的观点中并没有造物，因为"造物"这个词暗示了某种"前和后"。如果没有时间，宇宙就没有开始。对大爆炸之前发生过什么的提问，就像问哪里比北极更北一样毫无意义。

应该强调的是，无边界的猜想并不被所有量子宇宙学家接受：对于宇宙开始（或者没有开始）的另一种理解已经被提出了。俄罗斯物理学家亚历山大·威令根提出了另外一套量子宇宙学，在其中有明确的造物的定义，宇宙通过量子隧道过程从无到有出现了。

统一理论

我已论述了粒子物理学家和宇宙学家努力将量子物理学和引力理论统一起来的几个领域。这些努力是朝向许多物理学家认为的科学最终目标迈出的一步。这个目标是总结出以一个方程描述所有自然界已知力的数学定律。如果你没有穿着品位的话，可能会把这个方程写在你的T恤上。

物理学的定律，有时也叫做自然定律，是物理科学的基本工具，它们由数学方程组成。这些数学方程根据前面讲过的各种基本相互作用来定义物质（以基本粒子的形式）和能量的特性。有时利用实验室获得的实验结果或对自然物理过程的观察结果来推导描述这些数据的数学规则。而有时首先在假设和物理原理的基础上建立理论，而后通过实验验证。随着我们认识的深化，表面上不同的物理定律会统一为一个有普适性的理论。前面给出的例子表明了在过去一百多年中这一思想的影响力。

但是这项研究活动的表面之下还隐含着深层次的哲学问题。例如，若宇宙早期的物理定律是不同的将会怎样？

我们能够完成这项工作吗？我们的回答是，现代物理学理论实际上预测了物理定律的变化。例如，当我们回到大爆炸早期，电磁力和弱相互作用在高能态下变得难以分辨。但是定律中的这种变化本身由另一个定律来描述，即所谓的弱电理论。在大统一理论优先的尺度上弱电理论自身或许也要修正，以回到宇宙的起点。

但不管是什么基本规则，物理学家必须假设它们在大爆炸开始后就一直适用。这些基本规则只在低能态下会随时间变化。按照这个假设，他们能够建立一个宇宙热历史的完整一致图景，而这似乎不会与观测的结果有大的矛盾。这使得该假设合理，但并不能证明其正确。

另一组重要的问题围绕着物理理论中数学所扮演的角色。自然真是数学化的吗？我们制定的规则真的是一种简略的表达方式，能让我们用几页纸的文章来描述宇宙吗？物理定律是我们发现的还是创造的？物理仅是映象还是自成体系的知识领域？

还有一个比较深刻的问题与描述宇宙初始时时空的物理定律有关。例如在某些版本的量子宇宙学中，物理定律需要先于它们要描述的物理宇宙存在。这使得许多理论家采用柏拉图式的哲学思考方式。柏拉图学派认为，真实的存在属于客观存在的理想化世界而不是我们意识的不完美世界。对于新柏拉图派宇宙学家来说，真正存在的是统一理论的数学方程（尽管这仍是未知的），而不是物质和能量的物理世界。另一方面，并非所有的宇宙学家都对这种想法着迷。对那些较实际的宇宙学家而言，物理定律仅是对宇宙的简洁描述，其意义只在于它们的实用性。

为建立统一理论已做过许多尝试，包括奇异的超对称及弦理论（或甚至两者组合而成的超弦理论）。在超弦理论中，粒子不再被看成粒子，而看作在一维实体上的振动的弦。弦振动的不同模式对应着不同的粒子。弦本身存在于十或二十六维空间中。我们的时－空只有四维（三维空间和一维时间），所以其他的维必须被隐藏。可能它们被包裹得非常小而不能观测到。这个观点在20世纪80年代引起轰动后便销声匿迹，主要原因是处理这样复杂的多维物体所需技术的复杂性。随着将弦的概念推广为branes（膜）——名字来源于membrane（膜）的现实的多维物体，以及意识到事实上存在一种简单理论（称为"M-理论"）可以涵盖这种方法的各种尝试，最近这种思想开始复兴。

这些想法令人兴奋但还相当不完善；弦理论至今还没有作出任何能对宇宙学产生影响的清晰预测。是否这些方法热盼的"大于大统一"能够真正实现，我们仍将拭目以待。

寻找统一理论也带来哲学上的问题。包括霍金在内的一些物理学家，将构建统一理论看成某种对上帝思想的解读，至少是揭示物理世界内在秘密的努力。另一些人认为物理理论仅仅是现实世界的一种描述，类似于一张地图。一套理论可能对进行预测和理解观测或实验结果有用，但仅此而已。目前我们对引力使用不同于电磁学或弱相互作用的理论，这或许不便但却不是很糟糕。统一理论只是一张简单地图而不是在不同情况下的不同地图。这种哲学是注重实效的。我们使用理论与使用地图出于相同的原因：因为它们有用。著名的伦敦地铁图确实很实用，但它并不是特别准确地反映了物理现实，也无需如此。

无论如何，我们不得不担心统一理论所提供解释的性质。例如怎么阐释为什么统一理论一定要是这样的理论？在我看来这是最大的问题。当量子理论本身具有非决定性时，基于量子力学的任何理论在任何意义上都会是完整的吗？再有，数学逻辑的发展已经对理论完全自恰的能力提出了质疑。逻辑学家库尔特·哥德尔证明了一个定理，说明任何数学理论都包含该理论不能证明的内容，该定理被称为不完备性定理。

人择原理

宇宙学一直是关于人类探索宇宙以及与其关系的学问。随着科学宇宙学的发展，人的作用削弱了。我们的存在看似偶然、无计划，是宇宙的伴生物。这种解释最近受到所谓人择原理的质疑，毕竟生命的存在和决定宇宙演化的基本物理之间有着深刻的联系。布兰登·卡特（Brandon Carter）首次提出将"人择"一词加进"宇宙学原理"以强调我们的宇宙是"特殊的"，至少在一定程度上允许智慧生命在其内部演化。

还有许多或许可行的宇宙学模型不能与人类观测者的观测一致。例如，我们知道碳和氧这样的重元素对地球生物发展的复杂化学过程是至关重要的。我们也知道恒星要经过大约100亿年的演化，才能从存在于大爆炸模型早期的氢和氦合成大量的这些元素。因此我们知道，我们宇宙的年龄不止100亿岁。如果宇宙膨胀的话，那么其大小与年龄有关，而这个思路有助于解释宇宙为什么像现在这么大。它必须足够大，因为它的年龄必须大到给人类足够时间在其中演化。这种形式的推理一般称作"弱"人择原理，它有助于我们了解宇宙由于我们的存在可能会具有的特性。

某些宇宙学家已经在更深层次寻找人择原理的扩展。弱人择原理可应用于我们宇宙的物理特性，如其年龄、密度或者温度，"强"人择原理涉及的则是这些性质演化遵循的物理定律。看来，这些基本定律要被非常精确地调整以适用于复杂的化学过程，进而允许生物的发展和最终人类的出现。如果电磁学和核物理的定律只作稍许变化，就会使化学和生物学变为不可能的。表面上，自然定律按照上述方式进行调整似乎是偶然的，因为在我们现有的基本物理的知识中，没有要求自然定律以这种方式促进生命发展的相关内容。因此这也正是我们寻求解释的东西。

某些版本的强人择原理中，推理基本上是来自设计学的论点：物理定律就应该是这样，因为它们必须适合生命的发展。这等价于要求生命存在本身即为一条自然定律，而更多我们熟悉的物理定律都从属于它。这种推理暗示宇宙是为提供适合人类生存的环境而特别设计的，这迎合了一些人的宗教思维模式，但在科学家中却相当有争议。

还有一种可能更科学一些的强人择原理版本，认为宇宙可能由一个个小宇宙组成，每个拥有不同的物理定律。这可能出自统一理论，高能对称在宇宙的不同部分以不同的方式被打破。显然人类只能在其中一个适合有机化学和生物学发展的小宇宙中演化，所以我们不应该奇怪其中基本的物理定律具有特殊属性。这多少能够解释上面提到的自然定律令人惊讶的性质。这种观点并非来自"设计"的理念，因为物理定律从一个小宇宙到另一个小宇宙会随意地发生变化。

这一版本的人择原理不可避免地受到争议，但它至少涉及了"怎样"和"为什么"的区别。宇宙学是否能解释宇宙为什么要如此这般，仍需拭目以待，但是我们在理解宇宙发生了什么和怎样发生的问题上已经有了长足的进步。

后记

宇宙学在很多方面类似于法医学。不管是宇宙学家还是法医学家都不能在与先前略有不同的条件下进行重造过去事件的实验，而这种实验却是其他学科的科学家经常做的。只有一个宇宙，也只有一个犯罪现场。在这两个领域中的证据经常是间接的、难以搜集的，且存在多种解释。尽管有这些困难，在我看来，对大爆炸理论的支持毋庸置疑。

当然，重要的问题还未解决。我们仍然不知道宇宙中大多数物质的形式。我们不能肯定宇宙是有限的还是无限的。我们不知道宇宙是怎样诞生的，或者是否发生过暴胀。不过，理论研究和实际观测取得的一致是如此之多，如此令人瞩目，似乎预示着一张拼合而成的关于宇宙的完整画面终将揭晓。这也是人们常说的著名的结束语。